Herbert Walther
Dipl. Ingenieur (FH)
Laubenstraße 31
D-8655 Neuenmarkt

D1693664

Felix von König

Die Erben des Prometheus

Geschichte der Muskelkraftmaschinen

Umschau

CIP-Kurztitelaufnahme der Deutschen Bibliothek

König, Felix von:
Die Erben des Prometheus: Geschichte d. Muskelkraftmaschinen / Felix von König. – Frankfurt am Main: Umschau Verlag, 1987
  ISBN 3-524-69066-1

© 1987 Umschau Verlag Breidenstein GmbH, Frankfurt am Main

Alle Rechte der Verbreitung, auch durch Film, Funk, Fernsehen, fotomechanische Wiedergabe, Tonträger jeder Art, auszugsweisen Nachdruck oder Einspeicherung und Rückgewinnung in Datenverarbeitungsanlagen aller Art, sind vorbehalten.

Umschlaggestaltung: Manfred Sehring, Dreieich-Offenthal

Gesamtherstellung: Brönners Druckerei Breidenstein GmbH, Frankfurt am Main

Printed in Germany

Aus dem Inhalt

Vorwort 7

Einführung 9

Feldbestellung 13

Wasserversorgung 21

Mechanische Arbeiten in der Landwirtschaft 49

Mahlen und Mühlen 61

Handwerk und Industrie 89

Der Bergbau und die Muskelkraft 111

Das Bauwesen und die Muskelkraftmaschinen 131

Baggern mit Muskelkraft 153

Muskelenergie für das Militär 163

Schiffahrt und Muskelkraft 175

Nachschau 195

Bildnachweis 197

Literaturnachweis 199

Stichwortverzeichnis 201

Vorwort

Die Menschheit litt zum ersten Mal große Not. Sie fror und hungerte; denn der größte Teil der Nahrung war im rohen Zustand ungenießbar. Sie bedurfte einer Energie, wenn sie es auch noch nicht so nannte. Doch es erwuchs den Menschen ein großer Helfer. Prometheus, göttergleicher Minister für Forschung und Technologie im Olymp, Sohn des Titanen Japetos, zuständig für Astronomie, Bauwesen, Bergwerke und Schiffahrt, hatte ein gutes Herz. Er wollte nicht nur sein Amt verwalten. Die Menschen brauchten mehr. Sie hoben ihre Hände bittend zum Himmel, um die Götter zu rühren. Sie wollten gar nicht die Fünfunddreißigstundenwoche, sondern nur leben dürfen.
So beschloß Prometheus heimlich, den Menschen zu helfen, und brachte ihnen das Feuer, von dem es im Himmel mehr als genug gab. Aber damit erregte er den Zorn der Götter. Und Prometheus wurde wegen Schädigung der göttlichen Macht von seinem Vetter Zeus an einen Felsen geschmiedet. Die Menschen aber besaßen zum ersten Mal eine Energiequelle, mit deren Hilfe ihr Leben leichter wurde. Sie hungerten nicht mehr. Die Welt war ein Paradies, bis es erneut auf der Erde zu großer Not kam.
Es bedurfte einer neuen Energie, um die unvorstellbare Plage des Lebens wieder erträglicher zu machen. Das betende Heben der Hände blieb unbeantwortet. Nur noch ihr Verstand und ihre Muskelkraft standen den Menschen zur Verfügung. Was daraus wurde, soll dieses Buch zeigen. Nun, die schillernde Erblast der menschlichen Charaktere führte, wie zu erwarten, immer wieder zu schrecklichen Verirrungen. Doch sehen wir zu. Eine unendliche Fülle von Phantasie wird sich uns öffnen.

Einführung

Noch vor acht- bis zehntausend Jahren lebten die Menschen vorwiegend von der Jagd. Sie war die Sache des Mannes, entbehrungsreich und gefährlich. Nur wenige Männer überlebten das dreißigste Jahr. Zu Hause herrschte die Frau. Ihr oblagen alle Pflichten und auch die schweren Arbeiten. Das führte zum Matriarchat, das sich in allen Ländern mit diesen frühen Lebensformen bis heute erhalten hat.

Das ging so lange gut, bis die Großtiere seltener und die Ackerfrüchte zur Lebensgrundlage wurden. Es war die Zeit der „Vertreibung aus dem Paradies". Von da an lebte der Mann zunehmend im Kreis der Familie und dehnte seine Fähigkeiten, die vorher der Entwicklung der Jagdgeräte dienten, auf die Arbeitsgeräte im Haus und auf den Acker aus. Mit seiner Domestizierung übernahm er auch die Schwerarbeiten und verbesserte die Behausungen. Die Frau wurde von den groben Arbeiten entlastet. Sie wurde dadurch schöner und schlanker. Die Liebe trat in die einfachen Hütten. Sie befähigte die Menschen größter Opfer, die bald gefordert waren, denn die Familien wuchsen schneller als die Agrarflächen, die nunmehr tiefer gepflügt und bewässert werden mußten.

Männer, Frauen und Kinder spannten sich vor die primitiven Holzpflüge, bis sie es sich etwa viertausend Jahre v. u. Z. leisten konnten, Tiere vorzuspannen.

Bearbeitung der Felder mit Holzpflügen etwa 6000 v. u. Z.

Zu Hause mühten sich Frauen und Kinder am Mörser oder an Reibsteinen, um die Früchte zu zerkleinern.

Es war dringend nötig, das Arbeitsgerät, das seit fünfzehntausend Jahren unverändert im Gebrauch war, zu vergrößern und zu verbessern. Dabei wuchsen die Anforderungen an die Muskelkraft ständig an. Ein Schaubild gibt uns eine eindrucksvolle Übersicht der zeitlichen Entwicklung vom Faustkeil bis zum Computer. Dabei sind dreißigtausend Jahre lang alle Tätigkeiten allein mit Muskelkraft ausgeführt worden und einige davon bis in unser 20. Jahrhundert. Diese Darstellung der Erfindungen ist ein klares Spiegelbild der Lebensformen. Man kann geradezu aus den Erfindungen die Nöte der Menschen ablesen. Wenn man auch noch nicht von Energie sprach, so war das ganze Bemühen nichts anderes, als mehr Muskelkraft einzuplanen und effektiver zu nutzen. Denn die Muskelkraft war die einzige greifbare Energie und nicht unbedingt billig. Da die spezifische Leistung des Menschen relativ klein ist, verlangten schon kleine Maschinen eine größere Anzahl Antriebspersonal.

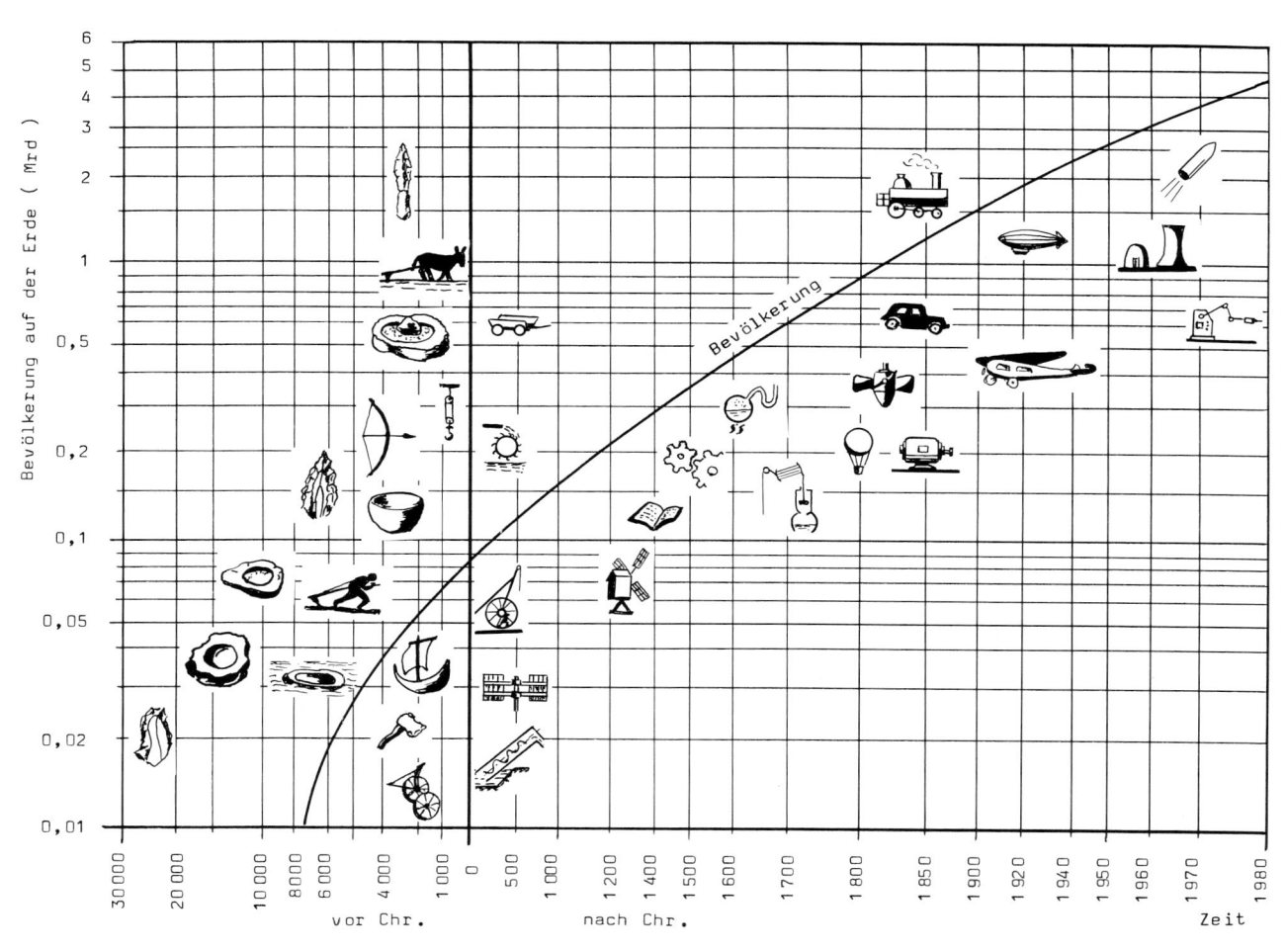

Schaubild der Geschichte der Technik in den letzten dreißigtausend Jahren.

Das Bild enthält auch eine Kurve, aus der die Bevölkerungszahl auf der Erde abgelesen werden kann, die viel zum Verständnis der Sorgen der verschiedenen Zeiten beitragen kann. Um etwa 30 000 v. u. Z. waren Steinwerkzeuge schon auf allen bewohnten Erdteilen bekannt. Primitive Öllampen reichen bis zwanzigtausend Jahre zurück. Grobe Mörser für die Zerkleinerung des Wildgetreides wurden bereits vor fünfzehntausend Jahren benutzt. Vor zehntausend Jahren gab es hochwertige Jagdfernwaffen, Fischerboote, Äxte, Messer und andere Handwerkzeuge. Vor viertausend Jahren waren Wagen, Zugtiere und Segelschiffe schon keine Seltenheit mehr. Dies alles erforderte zwar Muskelarbeit, soll uns aber hier nicht interessieren; denn es handelt sich dabei nur um alltägliche Handarbeit, wie sie zu allen Zeiten üblich war und ist. Die eigentliche Arbeit an Muskelkraftmaschinen begann erst mit dem Aufkommen der großen Landgüter etwa 2000 v. u. Z. und mit dem Entstehen großer Städte und gewaltiger Kriegsheere.

Etwa um 200 v. u. Z. treffen wir Großstädte von Hunderttausenden und Millionen von Einwohnern an, deren vielseitige Versorgungseinrichtungen und Werkstätten für die Bedarfsdeckung der Bevölkerung ein Heer von Arbeitern in Treträdern und Göpeln verlangte. Das älteste uns bekannte Tretrad stammt aus Assyrien am Tigris um 1200 v. u. Z. und soll einen Durchmesser von sechs Metern gehabt haben. Es hatte sicher kleinere Vorläufer. Philon von Byzanz berichtet um 260 v. u. Z. von einer geschlossenen Trettrommel. Dann häufen sich die Erwähnungen. Bei Vitruv sind Baukräne mit Tretradbetrieb im 1. Jahrhundert v. u. Z. bereits selbstverständliche Baueinrichtungen. Sie waren bis ins 18. Jahrhundert u. Z. übliche Arbeitsmaschinen und sind es im Fernen Osten bis zu einem gewissen Grad heute noch. Auch in Ägypten trifft man noch Tiergöpel an. Wir haben in den letzten Jahrzehnten so gründlich unsere eigene Geschichte vergessen, daß es uns unglaubhaft erscheint, daß auch bei uns die Älteren noch mit Göpeln und Treträdern zu tun hatten. Die Muskelkraftmaschinen sind ein unübersehbarer und wesentlicher Teil unserer Geschichte. Sie prägten über tausend Jahre die Wirtschaft und verloren erst mit der Dampfmaschine und dem Elektromotor ihre zentrale Bedeutung.

Feldbestellung

Nicht erst mechanische Geräte haben die Menschen zu schwerer Arbeit gezwungen. Wir Kinder des späten 20. Jahrhunderts können es uns auch nicht annähernd vorstellen, welch unsägliche Plage die Bebauung der Felder, nach der Dezimierung des Großwildes, den Menschen abverlangt hat. Nur im Paradies gab es grüne Gärten, von Flüssen durchströmt, mit ewiger Nahrung ohne Plage, gleich als Lohn für die Frommen und

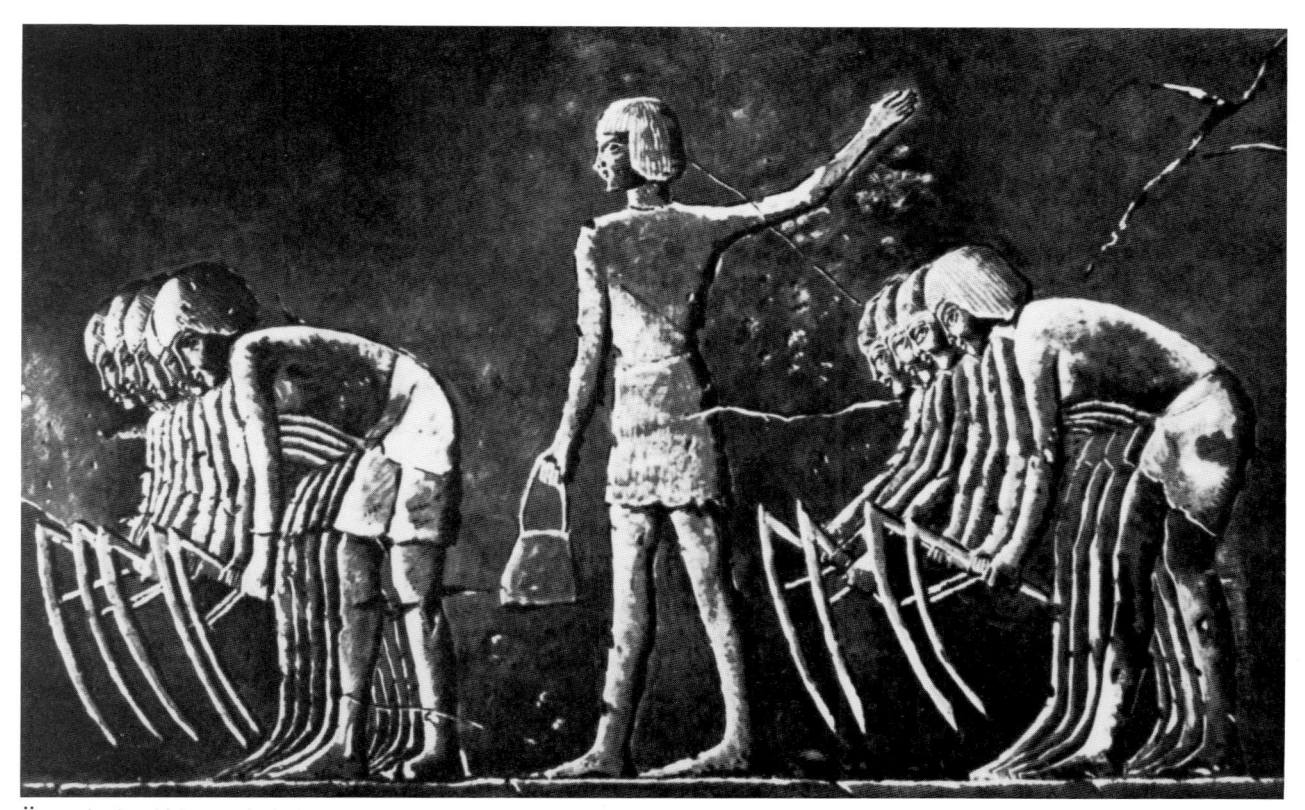

Ägyptische Sklaven bei der Feldbestellung mit Winkelgrabstöcken um 2000 v. u. Z.

Wasserträgerin, wie sie seit mindestens fünftausend Jahren für die Wasserversorgung der Felder und der Haushalte sorgt. Aufnahme des Autors einer haitianischen Wasserträgerin, 1980.

Fleißigen. Das Leben war in der Frühzeit kurz und mühsam. Kein Zugtier und kein Traktor war Jahrtausende in Sicht.

Das Leben war unsäglich schwer. In irgendeiner Generation – es mag vor fünftausend Jahren gewesen sein – blitzte ein furchtbarer Gedanke auf, während ein Mann mit seiner Frau vor dem Pflug ächzte: Wie, wenn man diese Fron anderen aufzwingen könnte? Noch aber fehlten die großen Kriege und ihre Gefangenen, die man wie Tiere halten konnte. Aber die Gefühllosigkeit des Raubtieres im Menschen ließ den unseligen Gedanken nicht mehr los.

In den warmen Breitengraden entstanden die ersten Hochkulturen und mächtige Staaten mit dem zwangsläufigen Machthunger, den Kriegen und Massen von Kriegsgefangenen, wie wir sie bis in die heutigen Tage in allen Erdteilen kennen. Die Sklaven der Jahrtausende mußten den Lebensstandard der Siegerstaaten heben.

Die Feldarbeit war bis in unser Jahrhundert reine Handarbeit, unterstützt von Haustieren. Das Übermaß der Natur hinsichtlich der Fruchtbarkeit von Mensch und Tier führte immer wieder zu Nahrungssorgen, ein Problem, das heute weltweit zum politischen Sprengstoff zu werden droht. Vor Jahrtausenden genügte es noch, für die Bewässerung der Felder zu sorgen. Das erhöhte die Ernten für einige Zeit ausreichend, war aber auch mit vielen Mühen verbunden.

Der Wasserkrug auf dem Kopf einer Frau dürfte die älteste Form der Feldbewässerung darstellen. Es war keine Gelegenheitsarbeit, sondern eine ununterbrochene Tätigkeit, die wie ein Rad in eine Maschine eingefügt war und doch nicht ausreichte.

Vor etwa dreitausendfünfhundert Jahren könnte sich folgende Geschichte zugetragen haben: Ein Bauer ging frühmorgens auf sein

Feld. Sein ältester Sohn folgte ihm wie sein Schatten mit einigen Ledereimern. Der karge Boden war trocken bis in die Wurzeln. Seit acht Tagen trugen sie von morgens bis abends Wasser von einem Bach in die Furchen des Feldes. Dazwischen mußten die Steine aus dem Acker gelesen und an den Rand des Ackers aufgeschichtet werden. Der Junge spielte in der Mittagszeit mit den Steinen, errichtete einen kleinen Stau und bastelte ein Rädchen aus Holz. Der Vater sah ihm zu und hatte plötzlich eine Eingebung: Wenn das Rad vom Wasser gedreht werden konnte, so mußte es auch möglich sein, mit dem Drehen des Rades Wasser zu fördern. Und er machte sich daran, ein einfaches Schaufelrad zu bauen, das er mit den Füßen anzutreiben gedachte.

So oder ähnlich könnte es gewesen sein. Der Bauer hatte sich sein eigenes Tretrad gebaut und die Arbeit auf die kräftigeren Füße übertragen. Das Tretrad war einfach, leicht zu bauen und brachte mehr Wasser auf die Felder. Es war so gut, daß es keiner Verbesserung bedurfte. Noch heute werden solche Räder auf Ceylon verwendet.

Die Bewässerung der Felder wurde von Jahrhundert zu Jahrhundert wichtiger. Mit der stetig wachsenden Bevölkerung verlangte die Landwirtschaft immer größere Wassermengen. Die Bewässerung wurde in den letzten zweitausend Jahren zur Hauptsorge in allen Trockenzonen der Erde, und jedes Volk fand eine seiner Art gemäße Methode.

Die Entwicklung von Bewässerungseinrichtungen in China entsprach in ihrer Vielfalt

Bewässerung eines Feldes in Ceylon mit Hilfe eines kleinen Tretrades.

der Größe des Reiches. Ganz allgemein besteht zwischen der notwendigen Bewässerungsarbeit und dem Einsatz der Kräfte eine harmonische Ausgeglichenheit.
Eine Skizze aus dem 18. Jahrhundert, die ein Reisender aus China mitbrachte, zeigt drei Männer, die mit ihren Füßen Pedale einer waagerechten Welle drehen. Damit wird eine Reihe von Brettchen, die gut in einen offenen Kasten eingepaßt sind, wie in einem Paternoster bewegt, so daß das Wasser zwischen zwei Brettern vom unteren Wasserspiegel auf die Felder gehoben wird.
Es handelt sich somit um eine Art Verdrängungspumpe wie bei der Archimedischen Schraube, jedoch in linearer Wirkungsweise. Man schätzt, daß diese Anlage auf das 2. Jahrhundert v. u. Z. zurückgeht. Diese „lineare Schraube" ist also ungefähr gleich alt wie die Archimedische Schraube.
Betrachtet man die nach oben wandernden Brettchen als Gewindeflanken, so besteht kein grundsätzlicher Unterschied zur Archimedes-Schraube. Es handelt sich hier um die Pumpen des höchsten Wirkungsgrades.

Eine andere chinesische Bewässerungsanlage, die ebenfalls ein hohes Alter nachweisen kann und bis heute in Betrieb ist, besteht aus einem Innentretrad aus Bambusrohren. Über den Außendurchmesser läuft ein Seil, das Wasser aus einem Brunnen schöpft. Die Anlage ist leicht und nur mit geringen Anstrengungen zu betreiben. Je nachdem, in welcher Drehrichtung der Mann das Tretrad antreibt, werden die Eimer gehoben oder in den Brunnen abgesenkt.
Solche Schöpf-Treträder dienen noch immer der Bewässerung von Reisfeldern in China. Das geringe Gewicht des Tretrades ist geradezu wie geschaffen für Umkehrräder. Sie benötigen auch nur geringe Beschleunigungsenergien. Das Seil für den Eimer wird von einem Mann in den Brunnen geführt. Das emporkommende Wasser schüttet er in ein Gerinne.
Solche Innentreträder überlieferte um 250 v. u. Z. bereits Philon von Byzanz, der sie aber selbst nicht erfunden hat. Man kann deshalb wohl annehmen, daß Innentreträder rund zweieinhalbtausend Jahre alt sind.

Chinesische Bewässerungsanlage nach einer Skizze von Staunton, 1797.

Chinesisches Wurfrad aus dem 17. Jahrhundert.

Chinesisches Bambus-Tretrad zur Bewässerung von Reisfeldern.

Manchmal ist es vorgekommen, daß das Wasser auf eine höhere Ebene gebracht werden mußte, die nicht so leicht erreichbar war. So kam man auf die Idee, das Wasser hochzuwerfen. Ein chinesischer Holzschnitt aus dem 17. Jahrhundert zeigt ein solches Wurfrad. Es bestand aus Stein und hat radiale Kerben. Ein Mann versetzte mittels einer abnehmbaren Stange und einer Kurbel das Steinrad in Umdrehung, das in ein Wasser eintauchte und das am Wurfrad haftende Wasser weit und hoch schleuderte.

Mit dem Wurfrad konnte allerdings kein kontinuierlicher Betrieb aufrechterhalten werden. Man brachte es auf Drehzahl und ließ Wasser zum unteren Teil des Rades zulaufen. Mit seiner großen Masse warf das Steinrad für eine kurze Zeit Wasser in die Beete. Dann mußte es wieder auf Drehzahl gebracht werden.

Doch es gab im 1. Jahrhundert u. Z. im Römischen Reich auch schon geradezu moderne Bewässerungsanlagen mit Kolbenpumpen, deren Konstruktion auf den berühmten „Barbier und Mechaniker" Ktesibios von Alexandria zurückgeht. Die Rohre dieser Kolbenpumpen bestanden aus innenverbleitem Holz. Die Pumpen mußten natürlich von Hand bedient werden. Sie wurden in den Kolonien der römischen Kaiserzeit häufig verwendet und bei Ausgrabungen gefunden.

Bewässern und Pflügen gehörte zu den schwersten Arbeiten in der Landwirtschaft. Die Bewässerung konnte wenigstens teilweise mechanisiert werden, das Pflügen aber blieb Muskelarbeit, konnte jedoch schon früh mehr und mehr den Rindern übertragen werden. Erst mit dem Beginn der Renaissance im 14. und 15. Jahrhundert begann ein eifriges Suchen nach Möglichkeiten, den Menschen aus seiner tierischen Fron zu entlassen, indem man die rohe Muskelarbeit durch geistige Arbeit zu erleichtern und zu mindern trachtete. Es ging dabei nicht um Einsparung von Arbeitskräften, sondern um die Erleichterung der menschlichen Arbeitsbedingungen. Eine geistig-moralische Dimension leitete diese technische Revolution, von der uns heute Welten trennen. Man hat die Ideale der Renaissance, die auch für uns noch gelten sollten, zugunsten des Wachstums verkommen lassen. Die Mißachtung des Primats der Menschlichkeit durch den rigorosen Einsatz von Computern wird zwangsweise zu einer geistigen und personellen Verödung der Arbeitswelt führen. Der Beginn und die Auswirkungen dieser Entwicklung sind bereits deutlich sichtbar.

Die Ingenieure der Renaissance hüteten sich davor, die Menschen durch Maschinen zu ersetzen. Sie wollten helfen und dienen. Daß es dabei zunächst auch zu unbrauchbaren Lösungen und Überschätzungen der „mechanischen Künste" kam, liegt in der Begeisterung für alles Neue.

Der Codex 328 der Großherzoglichen Bibliothek in Weimar zeigt einen Seilpflug mit Winden aus dem 15. Jahrhundert. Man glaubte, daß mit der Übersetzung der Kräfte durch die Seilwinde die Arbeit erleichtert werden könne. Das war eine Überschätzung der Mechanik und eine Unterschätzung der Kräfte, die beim Aufbrechen der Erde zu Schollen tatsächlich aufgebracht werden mußten. Außerdem hatte man hier die Arbeit wieder von den Füßen auf die Arme verlegt, was eine viel größere Anstrengung erforderte. Auf dem Bild spult der Mann rechts das Seil auf und zieht dabei den fahrbaren Pflug zu sich hin. Der Pflugführer nimmt unter dem Arm das linke abgespulte Seil mit. Ist der Pflug am rechten Feldende angekommen, dann wird der Pflug umgedreht, das rechte Seil abgeklemmt und das linke Seilende, das der Pflüger mitbringt, am Pflug befestigt. Der linke Mann kurbelt nun den Pflug nach links, wobei der Pflüger nunmehr sich das rechte Seilende unter den Arm klemmt. Trotz der

Seilpflug mit zwei handbetriebenen Seilwinden und einem Mann zur Führung des Pfluges nach dem Codex 328 der Großherzoglichen Bibliothek Weimar.

Seilpflug mit zwei Winden und zwei Ochsen an einem dreischarigen Wagen nach Besson, 1595.

praktischen Undurchführbarkeit hat der Gedanke von Seilpflügen noch über Jahrhunderte die Menschen beschäftigt.

Jacques Besson (um 1500 bis 1576), Mathematiker und Ingenieur König Franz' II. von Frankreich und Nachfolger Leonardo da Vincis, der zeitweilig auch dem französischen König gedient hatte, schrieb u. a. das Buch „Théâtre des Instruments", das 1578 in französischer und 1595 in deutscher Sprache erschien und neben Wasser- und Windturbinen, Drehbänken und Kranen auch den Entwurf eines Seilpfluges enthielt. Besson erkannte, daß die Menschenkraft für das Pflügen mit größeren oder Mehrfach-Pflugscharen auch mit einer Winde nicht ausreiche, und entwarf einen Seilpflug mit dem Antrieb von zwei Ochsen. Wenn der Pflug an einem Ende angekommen war, mußte er von zwei Arbeitern aus der Furche gehoben, umgedreht und seitlich versetzt wieder eingesetzt werden. Dabei mußten natürlich auch die Gestelle mit den Winden verrückt werden.

Im Jahr 1726 griff der Gutsbesitzer Lassise die Idee noch einmal auf, und zwar unter Einsatz eines Windrades. Damit war zwar genügend Energie vorhanden und die seitliche Verschiebung der Pflugeinrichtung dadurch vereinfacht, daß auch das Windrad seitlich versetzbar war, aber der Versuch durfte trotzdem als mißlungen betrachtet werden.

1832 nahm man nochmals, diesmal aber mit einer feststehenden Dampfmaschine, einen Seilpflug in Betrieb, wobei die Dampfmaschine bis zu achtzehn Pflüge zog. Bald war es möglich, den Pflug oder mehrere Pflüge ortsunabhängig von Dampfmaschinen, ja um 1900 mit einem batteriebetriebenen Elektrokarren, über das Feld zu ziehen. Erst nach dem Ersten Weltkrieg zogen die neuen Traktoren mit Dieselmotoren die Furchen über das Ackerland. Es war ein langer Weg von der ersten Mechanisierung der Bodenbearbeitung bis zum modernen Traktorbetrieb. Bis dahin lag alle Mühe bei muskelkraftbetriebenen Ackermaschinen.

Wasserversorgung

Die Bewässerung der Felder und die Wasserversorgung der Menschen in den Siedlungen hängen in der Entwicklung eng zusammen. Zeitlich liegen beide manchmal so nahe beieinander, daß wir nicht sicher entscheiden können, welchen Zwecken die Wasserförderanlage diente. Sicher aber dürfte sein, daß die Bewässerung der Felder zeitlich der Brauchwasserversorgung vorausgegangen ist, wenn auch keine Funde darüber Auskunft geben können, da die ersten Schöpfeinrichtungen aus Holz gefertigt waren, die über Jahrtausende hinweg kaum Spuren hinterlassen. Die wirklichen Anfänge der technischen Entwicklungen liegen fast immer im dunkeln. Die Technik hatte niemanden fasziniert. Aus den rein zufälligen Überlieferungen lassen sich aber doch recht interessante Schlußfolgerungen ableiten.

Die Anfänge dessen, was wir als Kultur bezeichnen, suchen wir mit Recht aus klimatischen Gründen im Nahen Osten, in Nordafrika, Indien und China. So begannen vor rund fünftausend Jahren die Völker zwischen dem

Darstellung eines Schadufs aus dem Jahr 2500 v. u. Z. auf einem assyrischen Rollsiegel.

Euphrat und Tigris, am Indus und am Hoangho, im heutigen Vietnam, Bewässerungs- und Versorgungskanäle anzulegen. Als zwischen 2300 und 1900 v. u. Z. in Babylonien die Kanäle verfielen, schuf König Hammurabi ab 1900 v. u. Z. ein neues Wasserversorgungssystem. Er überliefert es uns mit eigenen Worten: „Hammurabi ist der Segen des Volkes, der da mit sich führt Wasser des Überflusses für das Volk von Sumar und Akkad. Seine Ufer bestimmte ich zu beiden Seiten für die Ernährung. Scheffel von Korn goß ich aus, Dauerwasser schuf ich." Viele Bauern siedelten sich an und gruben Wasserrinnen zu ihren Feldern und zu ihren Höfen. Doch das Wasser mußte aus dem Fluß gehoben werden. Das geschah im Zweistromland Assyrien mit Schwingeimern, den sogenannten Schadufs.

Der Schaduf dürfte die erste echte Muskelkraftmaschine der Geschichte sein. Sie beruhte auf der Nutzung des Hebelarmes.

Der assyrische Schaduf bestand aus einem Mast und einem beweglichen Querholz, an dessen einem Ende sich der Eimer befand, während das andere Ende ein Gegengewicht trug, das die Wassermenge und den Eimer ausglich. Ein Mann tauchte von früh bis abends den Eimer in den Fluß ein, drehte ihn um den Mast und goß das Wasser in einen höher gelegenen Kanal.

Immerhin hatte der Erbauer des Schadufs vor viertausend Jahren schon die Idee gehabt, das Fördergewicht durch ein Gegengewicht oder einen zweiten Eimer auszugleichen. Trotzdem lag die Arbeit mit dem Schaduf an der Grenze des Erträglichen. Bei großem Wasserbedarf mußten eigene Bauten erstellt werden. Man bildete Wasserschöpfketten, indem man nebeneinander oder hintereinander Schadufanlagen aufstellte. Ein Relief in Babylon, am Palast in Ninive aus der Zeit um 680 v. u. Z., stellt eine Schadufanlage dar, bei der das Wasser jeweils aus dem Unterbecken in ein höheres Becken gebracht wird. Neuburger errechnete, daß die drei Mann je Stunde etwa 6000 Liter Wasser, pro Tag also rund 50 Kubikmeter hoben.

Babylonische Schadufanlage in Ninive um 680 v. u. Z.

An den Hebelarmen waren Gewichte angebracht, die das volle Eimergewicht ausgleichen mußten. Bei den leeren Eimern bestand ein Übergewicht der Belastungssteine, das aber vorteilhafter war als umgekehrt, da sich eine Last leichter nach unten ziehen als nach oben heben läßt.

Das Grundprinzip dieser Schwingeimer wurde unabhängig voneinander in mehreren Ländern erfunden.

Ein allgemein bekanntes Bild eines Schadufs aus Ägypten – von dort stammt auch der Name – ist die Darstellung auf einem Grabmal in Theben am Nil aus der Zeit um 1300 v. u. Z. Sie zeigt einen Schwingeimer an einem gebogenen Hebelarm, an dessen einem Ende ein Tongefäß aufgehängt ist, während sich am anderen Ende ein Gewicht befindet. Der Schwinghebel lagert auf einer gemauerten Stütze.

Es muß sich um einen großen Garten gehandelt haben; denn rechts im Bild erscheint bereits ein weiterer Eimer, mit dem gerade Lilien begossen werden. Die Verwendung des Schadufs hat sich in Ägypten bis heute erhalten. Er ist im Aufbau sehr einfach und auf ein Mindestmaß an Muskelarbeit abgestimmt.

Ein Kupferstich aus dem 18. Jahrhundert u. Z. gibt uns den Eindruck einer größeren Anlage mit elf Schadufs und vier Höhenstufen, die von elf Arbeitern und einem Aufseher betrieben werden. Bei den Arbeitern dürfte es sich um Unfreie gehandelt haben. Sklaverei noch im 19. Jahrhundert? Die Unfreiheit von Menschen kommt uns geradezu archaisch vor. Wir wollen nichts mehr damit zu tun haben und dulden sie heute doch in mannigfacher Form im eigenen Land als reine Sklaverei, wie Zuhälterei, Bandenwesen, Mafia und anderes.

Als im Jahre 1957 (!) von den Vereinten Nationen eine Kommission zur Bekämpfung des Sklavenhandels zusammengestellt werden sollte, brachten nicht nur die Länder, die heute noch Sklavenhandel betreiben, das Vorhaben zu Fall, sondern sie wurden dabei vom gesamten Ostblock unterstützt. Auch ei-

Ägyptischer Schaduf für eine Gartenbewässerung um 1300 v. u. Z.

Schadufanlage in Ägypten nach einem Kupferstich um 1800.

nige andere Staaten enthielten sich der Stimme. Wie mag es da in früheren Zeiten ausgesehen haben? Ein Teil der Muskelkraftmaschinen gibt hier immer wieder erschütternde Beispiele. Die Arbeit am Schaduf war dabei, wenn auch nicht leicht, so doch auszuhalten, wenn man von der Unfreiheit absieht.
Heute werden in Ägypten die Wasserhebeanlagen ausschließlich von freien Bauern betrieben. Solche Einrichtungen sind immer noch eine notwendige Voraussetzung für die Landwirtschaft.
Der bekannte Ingenieur und Schriftsteller Max Eyth war ein ausgezeichneter Kenner Ägyptens, das er erstmals im Jahr 1863 bereiste. Er schätzte die Anzahl der Schadufanlagen um das Jahr 1900 auf fünfzigtausend Stück. Der Aufbau war so einfach wie Jahrtausende vorher. Meist sind die Bewässerungsanlagen mehrstufig, wobei jede Ebene ein Zwischenbecken besitzt, in das vom unteren Becken das Wasser gegossen und mit den Eimern an das obere Becken weitergegeben wird. In der Regel ist auch heute noch die Arbeit am Schaduf tagesfüllend.

Im Altertum galt Ägypten als Geschenk des Nils. Um 450 v. u. Z. berichtete Herodot aus Ninive: „Im Lande der Assyrer regnet es wenig... Das Wasser wird von Hand und mit Hilfe von Schöpfwerken auf die Felder gepumpt." Das Wort „Werke" läßt auf Göpel, die von Menschen betrieben wurden, schließen.

Ägyptischer Schaduf der Gegenwart nach Max Eyth um 1900.

Wasserversorgung im alten und zum Teil auch im neuen Ägypten.

Ein eindrucksvolles Bild des ägyptischen Landlebens vermittelt uns die Szene mit dem Brunnen, dem Schöpfgerät in der Mitte und den Kamelen, die das Wasser zu den Orten des Bedarfes bringen sollen. Gefordert ist hier normale Muskelarbeit ohne Mechanik. Vielleicht waren die Inder die ersten, die den Arbeitsgang in der Wasserversorgung von den Armen auf die Füße dadurch verlegten, daß sie ihr Körpergewicht auf dem Hebebalken hin und her bewegten. Um den Eimer abzusenken, traten sie einen Schritt vor den Kippunkt des Balkens, und um den Eimer zu heben, traten sie zwei Schritte zurück. Daraus entstand die sogenannte Picota der Inder. Wenn das zu hebende Gewicht zu schwer war, betrat ein zweiter Mann den Hebebalken. Der Eimer wurde von einem dritten Mann zum Befüllen in das Wasserbecken eingetaucht. Das System der Picota ist zwar der Kinematik des menschlichen Körpers besser angepaßt als beim Schaduf, doch verlangt es fast akrobatische Fähigkeiten mit seinen Gefahren.

Philon von Byzanz beschrieb um 230 v. u. Z. eine ähnliche Wasserschöpfanlage mit einem doppelten Tretbalken. Die Theorie der Hebelkraft, nach der man die Kräfte und die Hebellängen berechnen konnte, entwickelte der griechische Mathematiker Archimedes aus Syrakus (287 bis 212). Er wußte, daß Kraft mal Hebellänge, auf beiden Seiten der Waage, gleich sein mußten, wenn Gleichgewicht herrschen sollte.

Mit den Jahrhunderten wuchs die Bevölkerung und deren Lebensstandard. Das äußert sich auch in einem zunehmenden Wasserverbrauch und in Verknappung des Trinkwassers. Man mußte tiefere Brunnen bauen und das Wasser tiefer heraufholen. Dazu reichten aber weder die Schöpfmechaniken noch die Kräfte der Menschen aus. So entstanden die

Indische Picota um 1000 v. u. Z.
Die Höhe der Picota wird weitgehend von der Förderhöhe bestimmt.

ersten Göpel, die von Tieren bewegt wurden, für die Wasserversorgung der Siedlungen und auch der Felder. Diese Göpel arbeiteten zweitausend Jahre nach dem gleichen einfachen Prinzip. Tonkrüge wurden an einem Rad befestigt, das über ein Holzgetriebe von einem Tier in Drehung versetzt wurde. Damit tauchten die Krüge in das Grundwasser ein und schütteten es in ihrer oberen Lage in ein Gerinne. Auf diese Weise entstand auch die ägyptische Sakjeh, ein Schöpfrad mit Göpelantrieb. Das Alter der Sakjeh wird auf etwa zweieinhalbtausend Jahre geschätzt. Auch an dieser Konstruktion hat sich bis heute in

25

Ägypten kaum etwas geändert. Die Anlage ist für ihre Zwecke optimal.

Es ist keine gute Idee, wenn wir den technischen Entwicklungsländern Motoren und Traktoren zur Verfügung stellen, für deren Treibstoffe sie Devisen benötigen, die sie nicht haben. Die Länder müssen dazu Kredite aufnehmen, für die sie nicht einmal die Zinsen aufbringen können. Die Sakjeh mit dem Kamel braucht nichts von dem und ist Jahrhunderte in Betrieb, was keine Maschine schafft.

Eine andere Schöpfanlage in Ägypten auf einer Darstellung aus dem Ende des 18. Jahrhunderts arbeitet nach dem gleichen alten Prinzip, wurde jedoch wegen des dortigen hohen Wasserbedarfs mit zwei Schöpfrädern ausgestattet. Ein Rind, oder Kamel, betreibt die Doppelsakjeh über ein hölzernes Stirnradgetriebe.

Man muß das Bild genau betrachten, um zu verstehen, was wir diesen Ländern nehmen, wenn wir ihnen unsere Vorstellungen von Arbeit und Fortschritt aufdrängen. Der alte Mann mit seiner Wasserpfeife fühlt sich nicht nutzlos. Ohne ihn würde das Rind irgendwann einfach stehen bleiben. Er sichert die Wasserversorgung, hat aber die Zeit zum Nachsinnen und zum Philosophieren. Er ist ein freier Mensch. Was sollte er mit unserem törichten Unterhaltungsbetrieb? Er käme nicht mehr zum Denken und Sinnen, sein Geist würde verkümmern.

Sakjeh-Anlagen, also die Verbindung von Göpel mit Wasserschöpf-Anlagen, verbreiteten sich vor allem im 2. Jahrtausend u. Z. über viele Länder, nicht nur des Mittelmeerraumes. Die Sakjehn bildeten über viele Jahrhunderte die Grundlagen für die Wasserversorgung mit ausreichender Sicherheit.

Ägyptische Sakjeh mit Kamelantrieb, die heute noch in Betrieb ist. Sie wurde um 1800 gebaut.

In Südspanien arbeiten heute noch Sakjehn mit Topfrädern, die von Eseln im Göpel angetrieben werden.

Schöpfeimerketten waren schon vor unserer Zeitrechnung bekannt. Nach Philon beschrieben sie Lucretius 60 v. u. Z. und Vitruv um 24 v. u. Z. Letzterer schilderte eine Anlage, deren Eimer bereits aus Bronze waren und jeweils mehr als drei Liter faßten. In der Renaissance-Zeit waren sie schon selbstverständlich. Selbst noch im 20. Jahrhundert wurden sogar in den Industriestaaten moderne Göpeleinrichtungen für die Wasserförderungen mit Tierantrieb serienmäßig hergestellt. Sie sind in nicht geringer Zahl noch im Einsatz.

Der Mechanikus Philon von Byzanz erwähnte in seinem Buch „Mechanike syntaxis" um 230 v. u. Z. Treträder für das Schöpfen von Wasser mittels einer Eimerkette. Auch Aristoteles beschrieb in „Mechanische Probleme" um 330 v. u. Z. Eimerketten, die durch das Drehen von Kurbeln betätigt werden. Nach

Sakjeh in Spanien mit Topfrad und Esel-Göpel, erbaut um 1800.

Ägyptische Doppelsakjeh aus dem 18. Jahrhundert.

27

Industriegöpel für zwei Pferde in Südafrika, 1974.

später angefertigten Zeichnungen soll es sich um geschlossene Trettrommeln gehandelt haben, in denen ein oder zwei Sklaven mit Tretleisten das Rad und damit den Paternoster-Aufzug mit den Eimern in Bewegung brachten. Die Sklavenwirtschaft war in Griechenland schon früh verbreitet, so schilderte Homer vor zweitausendsiebenhundert Jahren im vierzehnten Buch der Odyssee (Vers 272 f.): „Viele (Feinde) töteten sie mit ehernen Lanzen und viele schleppten sie lebend hinweg zu harter sklavischer Arbeit."

Es gibt mehrere Arten von Treträdern: die geschlossene Trettrommel, in der Menschen oder Tiere mittels Schwellen das Rad in Umdrehung bringen; Außenteträder, bei denen Menschen oder Tiere mittels Leisten oder Stufen am äußeren Umfang des Rades die Anlage bewegen; Sprossentreträder, ein schmales Rad, an dessen Umfang Quersprossen angebracht sind, auf denen Menschen sozusagen hochsteigen und mit ihrem Gewicht das Rad in Drehung versetzen, sowie Schrägräder, deren Achse schräg steht, so daß Mensch oder Tier gewissermaßen ständig bergauf gehen und damit das Rad in Drehung bringen. Die Treträder können verschiedene Durchmesser und Breiten haben. Mit dem Durchmesser wächst die Hebelkraft und mindert sich die Drehzahl. Mit der Breite des Tretrades schafft man die Möglichkeit, eine größere Anzahl von Menschen oder Tieren unterzubringen.

Zwischen 500 und 450 v. u. Z. ließ der assyrische König für seine Nebenfrau, eine Perserin, innerhalb des Palastes auf ihren Wunsch einen Hügel von 100 Meter Länge und 25 Meter Höhe errichten und als Garten anlegen. Die Anlage wurde weltberühmt und ging mit dem nicht ganz richtigen Namen „Die hängenden Gärten der Semiramis" als Weltwunder in die Geschichte ein. Mit diesen Gärten wollte der König die Sehnsucht seiner Frau nach den persischen Bergen stillen.

Ein so großer und reichhaltiger Garten mußte natürlich auch bewässert werden. Im Keller unter den Gärten wurde deshalb ein großes Wasserbecken angelegt, aus dem durch

Trettrommel mit
Eimerkette nach
Philon um
230 v. u. Z.

ein Paternoster-Werk, also Eimerketten, mit Tiergöpel das nötige Wasser hochbefördert wurde.

Diese Bewässerungsanlage hatte in Babylon um 600 v. u. Z. einen Vorläufer, wenn auch in kleinerem Maßstab. Die Zeichnung stammt von dem Araber Ibn al Razzaz al Jazari um 1205 u. Z.

Ein Esel auf einer Tretscheibe, die sicher schräg lag, treibt hier über zwei Holzgetriebe eine Schöpfanlage an, die aus dem unteren Becken Wasser in obere Becken bringt. Mit einem oberen Getriebe wird eine Topfkette in Bewegung gebracht, die das Wasser aus dem oberen Becken entnimmt und über eine Leitung der Verwendung zuführt.

Überall, wo die Lebensbedingungen ähnlich sind, entwickeln sich häufig gleichzeitig und unabhängig voneinander die notwendigen Einrichtungen. Deren Aussehen jedoch un-

Wasserhebeanlage mit Schöpfeimerkette in Babylon um 600 v. u. Z. nach einer Abbildung von Jazari, 1205 u. Z.

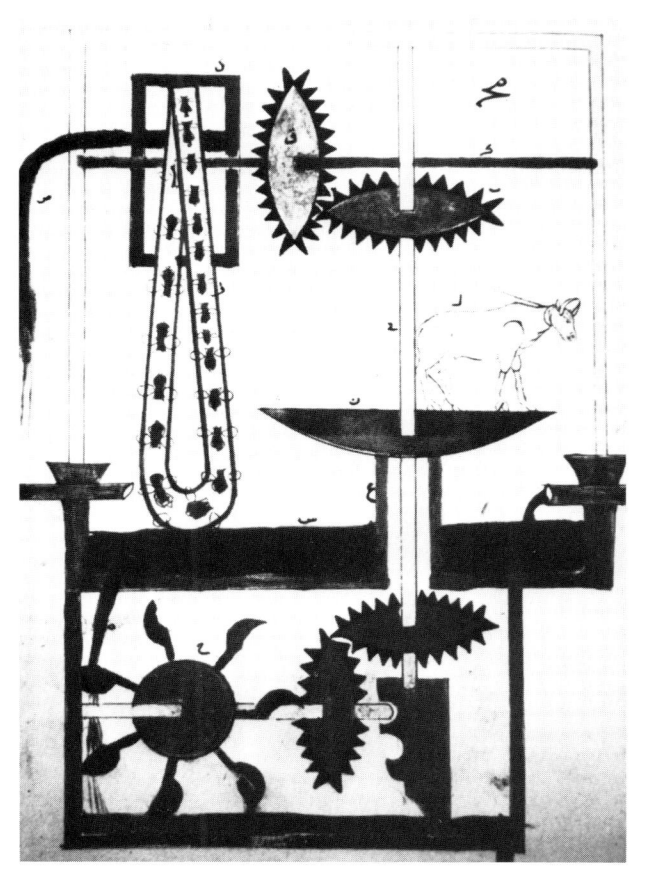

terscheidet sich aufgrund der vorhandenen Materialien, der kulturellen Vorstellungen und der handwerklichen Gepflogenheiten.

In China finden wir im 17. Jahrhundert ebenso wie in Europa Tiergöpel mit Winkelgetrieben aus Holz und zum Teil ähnliche Wasserpumpen wie in den anderen Erdteilen. Die „lineare Schraube", die eine chinesische Entwicklung ist, findet man in China sooft wie im Mittelmeerraum die Archimedesschraube. Die chinesische Form wird auch Kastenpumpe genannt. Die Darstellung der Wasserhebeanlage aus dem Thien Kung Khai Wu von 1637 zeigt die gleichen Konstruktionsteile wie die europäischen Anlagen im chinesischen Kolorit. Die Länge der Kastenpumpe bestimmt die Menge des gehobenen Wassers.

Als Gegenstück zu der chinesischen Anlage sei eine afrikanische Bewässerungspumpe mit Handantrieb vorgestellt, bei der eine Archimedische Schraube verwendet wird. Das hat den Vorteil, daß die gesamte Anlage aus einem Stück besteht, so daß man sie ohne Umstände an jedem Ort einsetzen kann. Man legt sie auf eine Böschung, so daß das Mundstück im Wasser eintaucht, und fängt am oberen Ende zu drehen an. Da es sich meist um größere Wassermengen handelt, sind oft zwei Personen an der Kurbel notwendig. Es ist keine leichte Muskelarbeit. Oft wird sie aber von Kindern geleistet.

Bei der Größenordnung des gezeigten Pumpendurchmessers müssen etwa 150 bis 200 Watt aufgebracht werden, was als Dauerleistung schon recht beachtlich und anstrengend ist. Im städtischen Bereich waren öffentliche Brunnen schon vor mehr als zweitausend Jahren keine Seltenheit. Neben Schaduf und Sakjeh war die Archimedesschraube ein häufiger Wasserspender. Sie ist es in manchen Ländern bis heute geblieben.

Die Archimedesschraube ist nichts anderes als ein Schneckenrad mit großen Flankenhöhen, das möglichst genau in ein glattes Rohr eingepaßt ist. Beim Drehen der Schnecke wird das zwischen zwei benachbarten Flanken eingeschlossene Wasser um den Flankenabstand a weitergeschoben. Die gehobene Wassermenge entspricht der Anzahl der Schneckenräume mal dem Abstand mal dem inneren Rohrdurchmesser mal dem Füllungsgrad der Schneckenräume, der davon abhängig ist, wie tief die Schnecke in das Unterwasser eingetaucht wird.

Chinesische Wasserhebeanlage mit hölzernem Getriebe, Kastenpumpe und Göpelantrieb durch Rinder um 1637.

Wasserhebeanlage mit Hilfe einer Archimedischen Schraube an einem Nilkanal bei Memphis mit Handbetrieb.

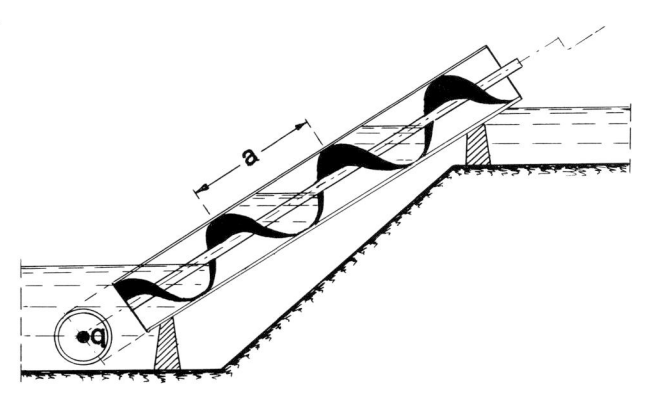

Aufbau der Archimedischen Schraube.

Das antike Pompeji war vor seinem Untergang im Jahr 79 u. Z. eine wohlhabende mittlere Stadt am Golf von Neapel mit über fünfzehntausend Bürgern. Dazu gesellte sich wohl noch einmal die gleiche Zahl von Nichtbürgern, wie Fremdarbeiter, Händler, Sklaven, Soldaten und Matrosen vieler Länder, nicht nur des Mittelmeeres. Nach dem Ausbruch des Vesuvs lag die Stadt bis zu den Ausgrabungen, die 1860 begannen, völlig unter den Ausbruchmassen des 1270 Meter hohen Vulkans verschüttet.

Das gleiche Schicksal ereilte an diesem 24. August 79, einem schönen Sommertag, die Orte Herculaneum und Stabiae. Die Schutthöhe betrug bis zu zwölf Metern. Plinius d. J. – sein Onkel war bei dem Erdbeben umgekommen – schrieb darüber: „Bald umschloß uns Finsternis, doch nicht wie in mondloser Nacht, sondern wie in einem vollständig umschlossenen Raum. Nur die schrillen Schreie der Frauen, das Weinen der Kinder und das Rufen der Männer waren zu hören. Zögernd wurde es Tag, und eine fahle Sonne stand am Himmel. Unseren angsterfüllten Blicken schien alles verändert, bedeckt von einer dikken Aschenschicht wie nach einem starken Schneefall."

Nach fast neunzehnhundert Jahren fand man im „Haus der Epheben" in Pompeji ein Wandbild, das einen Sklavenjungen beim Treten einer Archimedischen Schraube zeigt. Es ist der erste Nachweis, daß man auch bei der Archimedesschraube die Arbeit von den Armen auf die Füße verlegte.

In Pompeji hatte es neben vielen solcher Brunnen auch noch Tiergöpel für die Wasserversorgung und Mühlen gegeben.

Die Arbeit an der Archimedesschraube war immerhin so schwer, daß man sie einem Sklaven aufbürdete. Außerdem war es nicht ganz ungefährlich, mit bloßen Füßen direkt die umlaufenden Schneckenflanken zu treten. Nach dem Bild dreht ein Kind die Schraube. Man fragt sich: Machten sich die Menschen früherer Jahrhunderte keine Gedanken über die körperliche und seelische Zerbrechlichkeit der Kinder? Wir sollten den Fortschritt

31

Wandbild im Haus der Epheben in Pompeji mit einem Sklaven an der Archimedes-Schraube für die Hauswasserversorgung um 50 u. Z.

aber nicht überschätzen: Kinderarbeit ist nach wie vor auf der ganzen Welt verbreitet. Und die Kinder, die in den Industriestaaten in materiellem Wohlstand aufwachsen, sind keineswegs frei von seelischen Nöten.
Die früheren Zeiten und Menschen waren nicht schlechter, sie waren nur ärmer. Aus der Armut hat uns die Renaissance geholfen, aber sie ist im technischen Fortschritt steckengeblieben, ohne den wir allerdings allesamt Entwicklungsländer wären. Verachten wir also die oft geringen technischen Entwicklungen der früheren Zeiten nicht. Sie sind die Saat unseres heutigen Reichtums.
Die Schwingeimer, wie der Schaduf aus frühgeschichtlicher Zeit, waren in vielen Formen vorhanden. Auch dieser einfachen Vorrichtung der Wasserversorgung nahmen sich die Ingenieure der Renaissance an. Der Baumeister von Padua, Vittorio Zonca, hatte in seinem Buch „Novo Teatro di Machine et Edificii", das fünf Jahre nach seinem Tod im Jahr 1607 erschien, u. a. einen Schwingeimer vorgestellt, um Wasser aus einem Brunnen in ein Gerinne zu fördern. Der Eimer erhielt am hinteren Ende eine Ausflußöffnung, so daß mit einer einzigen Bewegung geschöpft und ausgegossen werden konnte. Natürlich mußte der Entwurf entsprechend der damaligen Ästhetik auch schön sein. Das täuscht aber nicht darüber hinweg, daß die Idee der Zeichnung technologisch eigentlich schon überholt und nur noch in Einzelfällen zu privaten Zwecken brauchbar war. Zonca selbst ging zur damaligen Zeit schon andere Wege. Er hielt sich an die Regel seiner Zeit, daß der technische Fortschritt der Mühelosigkeit dienen möge. Für ihn war das Tretrad ab einer gewissen Leistung eine Selbstverständlichkeit, das bei einer angemessenen Anwendung eine größere Leistung bei niedrigerem Kraftaufwand versprach. Unter diesem Gesichtspunkt war auch das Tretrad ein Mittel zur Humanisierung der Arbeit. Die Unmenschlichkeit wird ja immer vom Menschen eingebracht und nicht von der Maschine. Fast seherisch mutet es an, wenn in den Maschinenbüchern des 13. und 14. Jahrhunderts, also zu Beginn der Renaissance, die technische Entwicklung als ein Zeichen der anbrechenden Endzeit der Menschen dargestellt wird. Man fürchtete nicht die zerstörerische Kraft der Technik, sondern nahm an, daß der Mensch durch die Technik und der damit verbundenen Wohlhabenheit Schaden an seiner Seele nehmen könnte. Die Angst war zum Teil religiös bedingt. Doch die Aussicht auf ein leichteres Leben, vor allem für die Kinder, ließ keinen Verzicht auf eine technische Entwicklung zu. Technologie und Kirche mußten aufeinanderprallen.
Georg Philipp Harsdörfer (1607 bis 1658), Gelehrter, Dichter und Philosoph in Nürnberg, bekannt durch den Nürnberger Trichter, schrieb 1651 das Buch „Philosophische und mathematische Erquickungen". Darin führt er aus: „Alles, wessen wir Menschen be-

Entwurf Zoncas für einen doppeltwirkenden Schwingeimer aus seinem Buch „Novo Teatro di Machine et Edificii", 1607.

dürfen, haben wir der (mechanischen) Kunst zu verdanken, mit welcher wir unsere Schwachheit überwinden. So hat es endlich die holde Kunst (der Mechanik) gebracht, daß sie ohne Mitwirkung des Glaubens Wunder tut und das Unmögliche möglich machen kann." Das war sicher ein Zuviel der Fortschrittsbegeisterung, an der wir heute noch kranken, aber zur Zeit der Inquisition war diese Behauptung geradezu tollkühn. Zudem irrte er; denn die Technik vollbringt keine Wunder, sondern bietet nur mäßig durchdachte Hilfsaggregate ohne Berücksichtigung der sozialen, psychologischen und ökologischen Folgen mit kunstreichen Auswüchsen. So ließ man im 16. Jahrhundert künstliche Vögel singen, und wir treiben uns nutzlos in der Erdatmosphäre herum und nennen es großzügig „Spaziergang im Weltall", der nicht zu den Träumen der Menschheit gehörte. Der Engländer Roger Bacon (1214 bis 1294) konnte ungefährdet von der Inquisition in seinem Buch „Novum organum" aussprechen, daß die mechanischen Künste ein Teil des verlorenen Paradieses zurückholen würden. Auch er irrte. Vor allem ging es darum, den Menschen bessere Arbeitsmaschinen zur Verfügung zu stellen. In der Praxis hieß das, die Treträder und Göpel zu verbessern und zu vergrößern. Der Ingenieur der Renaissance sah seine Aufgabe darin, durch bessere Maschinen das irdische Paradies vorzubereiten, nicht die Arbeit abzuschaffen.

Im 17. Jahrhundert gab es viele gute Ingenieure. Uns sind über einhundert bekannt, die für die damalige Zeit wegweisende Bücher schrieben.

Weil damals außer Wind- und Wasserkraft keine andere Energie zur Verfügung stand, war die Muskelkraft die allgegenwärtige Antriebskraft für alle, aber auch wirklich alle Bereiche. Und da die Zahl der Menschen vor allem in den Städten schneller zunahm als auf dem Land, wuchs in den Städten der Wasserbedarf unverhältnismäßig rasch an. Der höhere Einsatz von Muskelkraft allein reichte nicht mehr aus. Es mußten bessere Pumpen entwickelt werden. Und wie meist waren sie längst erfunden. Man hatte bisher nur noch keinen Bedarf. Man erinnerte sich der Kolbenpumpe des Ktesibios aus dem 2. Jahrhundert v. u. Z., die für große Pumphöhen besonders geeignet ist. Zonca vereinigte 1607 das Tretrad mit zwei solcher Kolben-

Doppelkolbenpumpe mit Tretrad nach Zonca, 1607.

pumpen. Da damals die Kolben in den Zylindern nicht allzu dicht waren, verkürzte Zonca durch einen Trick mit einer Kurbelkreuzschleife den eigentlichen Pumpvorgang auf eine ganz kurze Zeit. Dann löste sich die Tretradbewegung wieder für fast 180° von der Pleuelstange, um dann kurzfristig den anderen Kolben schnell zu bewegen.

Das Bild macht deutlich, daß ein Mann mit den zwei großen Kolbenpumpen überfordert ist. Deshalb mußten Reservemänner bereitgestellt werden, da beim Ausfall von nur einer Person der Gruppe die Wasserversorgung nicht mehr zuverlässig gewährleistet war. Man ging auf die leistungsfähigeren Tiergöpel über, auch wenn sie teurer waren als der Mensch. Überdies störte das unerfreuliche Bild eines Menschen im Tretrad. Die Renaissance war ja letzten Endes bei dem Programm der Technisierung mit dem Vorhaben angetreten, das Leben der Menschen zu erleichtern.

Mit den Haustieren hatte man jahrtausendealte Erfahrung und wußte, was man ihnen zumuten konnte und was sie zu leisten vermochten. Und man hielt sich in der Regel daran, da das Tier immer ein Vermögenswert war. Dies sicherte den Tieren zu allen Zeiten eine gute Behandlung.

Seit zehntausend Jahren hatte sich der domestizierte Esel als das genügsamste und brauchbarste Arbeitstier erwiesen. Und doch spricht man vom dummen Esel und edlen Pferd. Wie unrecht haben wir da! Ein Esel läßt sich viel aufzwingen, man kann ihn vernachlässigen oder schlagen, er behält seinen Charakter. Er ist fast immer willig, oft voller Humor, und er kann streiken und bocken. Wenn es ihm zu bunt wird, kann er für kurze Zeit ausbrechen, wird aber immer wieder

Die Wiedererweckung des Jeremia und seines Esels nach einer Miniatur aus den Chroniken des Raschid ad Din, Täbris/Iran um 1307.

zurückkehren und bereitwillig aufs neue die Lasten auf sich nehmen. Der Esel ist ein liebenswürdiger gutmütiger Eigenbrötler, geradezu geschaffen zum Ausnutzen. Welche Beziehung haben wir eigentlich zu den zwei- und vierbeinigen Mitbewohnern unserer Erde, die einst so vertrauensvoll auf uns zukamen?

Manchmal wissen wir es auch. Es berührt uns wunderlich, wenn wir der Legende des Propheten Jeremia aus dem 7. Jahrhundert v. u. Z. begegnen, in der mit der Wiedererweckung des Propheten auch sein Esel wiedererweckt wurde. Es ist ein schöner Akt der Dankbarkeit an ein Tier, das uns zu allen Zeiten bis heute seine Muskelkraft, auch im Göpel, und seine Treue schenkte.

Raschid ad Din war persischer Arzt, Großwesir und Geschichtsschreiber. Er lebte von 1248 bis 1318 und schrieb auf Anordnung des iranischen Chans Ghazan eine Weltgeschichte. Wir täten gut daran, und zwar für die Tiere und für uns selbst, immer daran zu denken, daß die Tiere unsere näheren und ferneren Verwandten sind, die das gleiche Recht zum Leben haben wie wir und auf die wir mehr angewiesen sind als sie auf uns. Was unseren Freund Esel betrifft, dessen Leidensfähigkeit 10 000 Jahre von uns mißbraucht wird, so ist er wohl mit uns aus dem Paradies vertrieben worden. Sein Vorfahr, der nubische Wildesel, wurde von uns ausgerottet. Ein ägyptisches Relief aus der Zeit um 3000 v. u. Z. zeigt uns den bereits gezähmten Wildesel.

Das Bild möge ein Denkmal für unseren geduldigen Freund Esel sein. Er hat es zu allen Zeiten und in allen Ländern verdient. Der Humanismus der Renaissance, der den Menschen ein besseres Leben versprach, führte mit seinen technischen Entwicklungen von Göpel und Tretrad für die Tiere mit ihren größeren Arbeitsfähigkeiten zu einer Erweiterung ihrer Aufgaben. Ihre Leistungsgrenzen wurden gemessen und eingeplant. Die Vorstellung von Wachstumsraten geht auf diese Zeit zurück. Es liegt in der Natur jedes Fortschrittes, daß er neue Maßstäbe setzt, die schnell zur Norm werden.

Der kurfürstlich-pfälzische Ingenieur Salomon de Caus (1576 bis 1626) plante in seinem 1615 erschienenen Buch „Von den gewaltsamen Bewegungen" – damit sind alle künstlichen Bewegungen gemeint – eine Förderpumpe mit einem Göpel, den vier Pferde betreiben. Damit sollte aus tiefliegenden Quellen Wasser gehoben werden. Als Hebevorrichtung sollte eine zweifache Kolbenpumpe dienen. Die Anzahl der Pferde läßt einmal eine große Wassermenge vermuten, außerdem ist sie ein Hinweis darauf, daß man die Tiere nicht überbeanspruchen soll.

Diesem Entwurf liegt vermutlich eine bestimmte Förderanlage zugrunde, da die Förderhöhe mit 60 Schuh (etwa 18 Meter) ange-

Domestizierte Esel auf einem Relief aus Abydos um 3000 v. u. Z.

Wasserförderung nach de Caus um 1615.

Wasserhebeanlage mit Tretscheibe bzw. mit Wasserrad nach Jacopo de Strada/Strada a Rosberg um 1588.

geben wird. Die ungewöhnlich große Höhe des Förderturmes deutet darauf hin, daß das Wasser weit über dem Boden gebraucht wurde.

Es gab kaum einen Ingenieur in dieser Zeit, der nicht versuchte, die zum Teil sehr primitiven Muskelkraftmaschinen auf ihre Brauchbarkeit und Effektivität zu überprüfen, um sie zu verbessern oder sogar völlig zu überdenken und zu erneuern, um die Muskelkraft haushälterischer einzusetzen. Auf dem Gebiet der Wasserkraftmaschinen und Windmühlen war man technologisch dem Konstruktionsstand der Muskelkraftmaschinen weit voraus. Die Angleichung der Muskelkraftmaschinen an das hohe Niveau der Wasser- und Windmühlen dauerte schon einige Zeit und ging nicht ohne Rückschläge ab.

Jacopo de Strada (1516 bis 1588), Kriegskommissar von drei habsburgischen Kaisern und Kunstsachverständiger Kaiser Rudolfs II., machte eine Reihe von Maschinen-Entwürfen, die sein Enkel Oktavius Strada a Rosberg nach seines Großvaters Tod 1588 unter dem Titel „Künstlicher Abriß allerhand Wasser-, Wind-, Roß- und Handmühlen" herausgab. Darin befindet sich ein Wasserhebewerk, das mit einer Tretscheibe, die von zwei Männern angetrieben werden konnte, wenn das Wasserrad wegen zu geringer Wasserführung des Baches stillstand, versehen worden war.

Das Wasser wurde mittels eines hölzernen Getriebes und Paternosterwerkes auf eine höhere Ebene befördert. Bei dieser Anlage ging es vor allem darum, daß die Versorgung mit Wasser nie aussetzt. De Strada a Rosberg war Ingenieur wie sein Großvater und beschäftigte sich nicht anders als die meisten Berufskollegen seiner Zeit auch mit dem Bau eines Perpetuum mobile. Es galt damals als so etwas wie der Stein der Weisen. Viele arbeiteten an einer Vorrichtung, wo man mit einer leicht zu drehenden Schnecke das Wasser anhob, um es dann auf die Schaufeln eines Wasserrades stürzen zu lassen. Dazwischen befand sich ein Wasserbecken. Bei vollem Becken schien das System zu funktionieren. Doch so sehr man auch an der Schnecke kurbelte, das Becken leerte sich zusehends, und das Rad blieb stehen. Dieses Problem der Ausschaltung von Verlusten beschäftigte die Menschen jahrhundertelang bis heute, wo jährlich noch Hunderte von „Erfindungen" eines Perpetuum mobile den Patentämtern eingereicht werden.

Überall, wo mehr Wasser benötigt wurde, setzte man bald Tiergöpel ein, ließ Tiere um eine Welle laufen, die diese drehten und eine Arbeitsmaschine antrieben. Wo es möglich war, gab man natürlich der Wasserkraft den Vorzug. Doch leider wechselt die Wasserführung der Bäche übers Jahr hin doch ziemlich stark, so daß der jeweilige Betrieb zum Stillstand käme.

Vittorio Zonca zeigt in seinem Buch „Novo Teatro di Machine et Edificii" eine Wasserversorgungsanlage, bei der ein oder zwei Rinder über ein hölzernes Zahnräderpaar ein Kammrad drehten, auf dessen Welle sich ein Schöpfrad (A) mitdreht. Das so aus dem Fluß geschöpfte Wasser fließt über ein Gerinne Wasserbehältern in einem Kahn zu.

Auch große Holzzahnräder hatten bis ins 19. Jahrhundert nichts Behelfsmäßiges oder Zweitrangiges an sich. Seit Jahrtausenden hatten sie sich an Windmühlen bewährt, deren Leistungen nicht selten 30 Kilowatt erreichten. Die Übertragung der Leistung der Welle auf die Arbeitsmaschine mit einem Vierkant auf der Welle, der zwischen zwei bzw. vier Parallelspeichen geklemmt wurde, ist ebenfalls geradezu als klassisch zu bezeichnen.

Wasserschöpfrad mit Tiergöpel nach Zonca, 1607.

Machen wir einen kleinen Abstecher nach Südafrika. Mit der Kolonisierung des Landes, die 1652 mit der Gründung eines Flottenstützpunktes bei dem späteren Kapstadt begann, brachten die Holländer und die Hugenotten ihre Kenntnisse über den Einsatz von Göpeln ins Land. Wie bei jeder Kolonisierung und landwirtschaftlichen Erschließung bestand das Hauptproblem in der Wasserversorgung. Hierbei knüpfte man, da nichts anderes vorhanden war, an die Modelle der ältesten Schöpfanlagen mit Tonkrügen an, die am Umfang eines Rades angeflochten waren und seit über zweitausend Jahren aus Ägypten und dem Zweistromland bekannt sind.

Diese Schöpfanlagen findet man in abgelegenen Gegenden in Südafrika heute noch an.

Wenn der Esel eines Tages vom Menschen nicht mehr gebraucht wird, dann wird er wohl aussterben; denn ob ein Haustier zur Welt kommen darf oder nicht, entscheidet allein der Mensch in seinem absolutistischen, gottähnlichen Wahn. Wie lange ist es wohl her, daß eine Eselin ihr Junges in freier Natur bekommen, aufziehen, hegen und mit ihm spielen konnte?

Technische Entwicklungen zum Ende des Mittelalters entbehren zwar in keiner Weise geistreicher Erfindungen, doch ihre zeichnerischen Darstellungen sind oft sehr einfach und nur notdürftig informativ. Man zählt sie deshalb zu den „Naiven" im künstlerischen Sinn, was heute als Avantgarde, also als „Vorkämpfer einer Idee", gelten soll. Nun, „Idee" kommt von „Ideal", das als ein dem

Geist vorschwebendes Muster der Vollkommenheit definiert ist.
Eine Reihe von anonymen und bekannten Ingenieuren des 14. Jahrhunderts mühte sich redlich, ihre Gedanken, Erfindungen und Verbesserungen, die uns helfen sollten, so verständlich wie möglich aufs Papier zu bringen und sich aus der geistigen Erstarrung des Mittelalters zu lösen.
Conrad Kyeser aus Eichstätt in Mittelfranken (1366 bis 1405) schuf mit seinem Werk „Bellifortis", das aus zehn Büchern bestand, die Grundlagen für ungefähr hundertfünfzig Jahre.
Jacopo Mariano, auch „Il Taccola" genannt und um 1458 gestorben, war ein berühmter Ingenieur aus Siena und schrieb das Werk „De machinis", das ebenfalls aus zehn Büchern bestand. Mariano widmete sich vor allem der Gebrauchstechnik. Nebenbei war er noch als Kriegsingenieur und Festungsbauer tätig. Als Energie stand Mariano, wie allen anderen, nur die Muskelkraft zur Verfügung. Sie war die universellste, billigste, überall vorhandene Kraft.
Wenngleich die Skizze seiner Doppelsaugpumpe auch nicht gerade elegant sein mag, so ist doch die Wirkungsweise daraus gut erkennbar. Mit Hilfe einer Handkurbel werden über zwei Pleuelsysteme zwei Kolbenpumpen betätigt, mit denen jeweils ein Becken gefüllt wird, aus dem das Wasser entweder abfließt oder in Eimer abgefüllt werden kann. An der Treppe dürfen wir uns nicht stoßen, da es sich nur um eine Prinzipskizze handelt. Anders ist es mit der Besetzung der Handkurbel. Ein Kind reicht bestimmt nicht für zwei Pumpen aus. Im Dauerbetrieb müßten sich sogar zwei Erwachsene ablösen.
Sechs Jahre vor dem Tod Marianos wurde Leonardo da Vinci geboren, der viel von Mariano hielt. Doch welcher Unterschied in der Darstellung der technischen Maschinen besteht zwischen diesen beiden Ingenieuren.

Wasserschöpfanlage mit Tonkrügen, durch einen Esel angetrieben, in Südafrika, 1975.

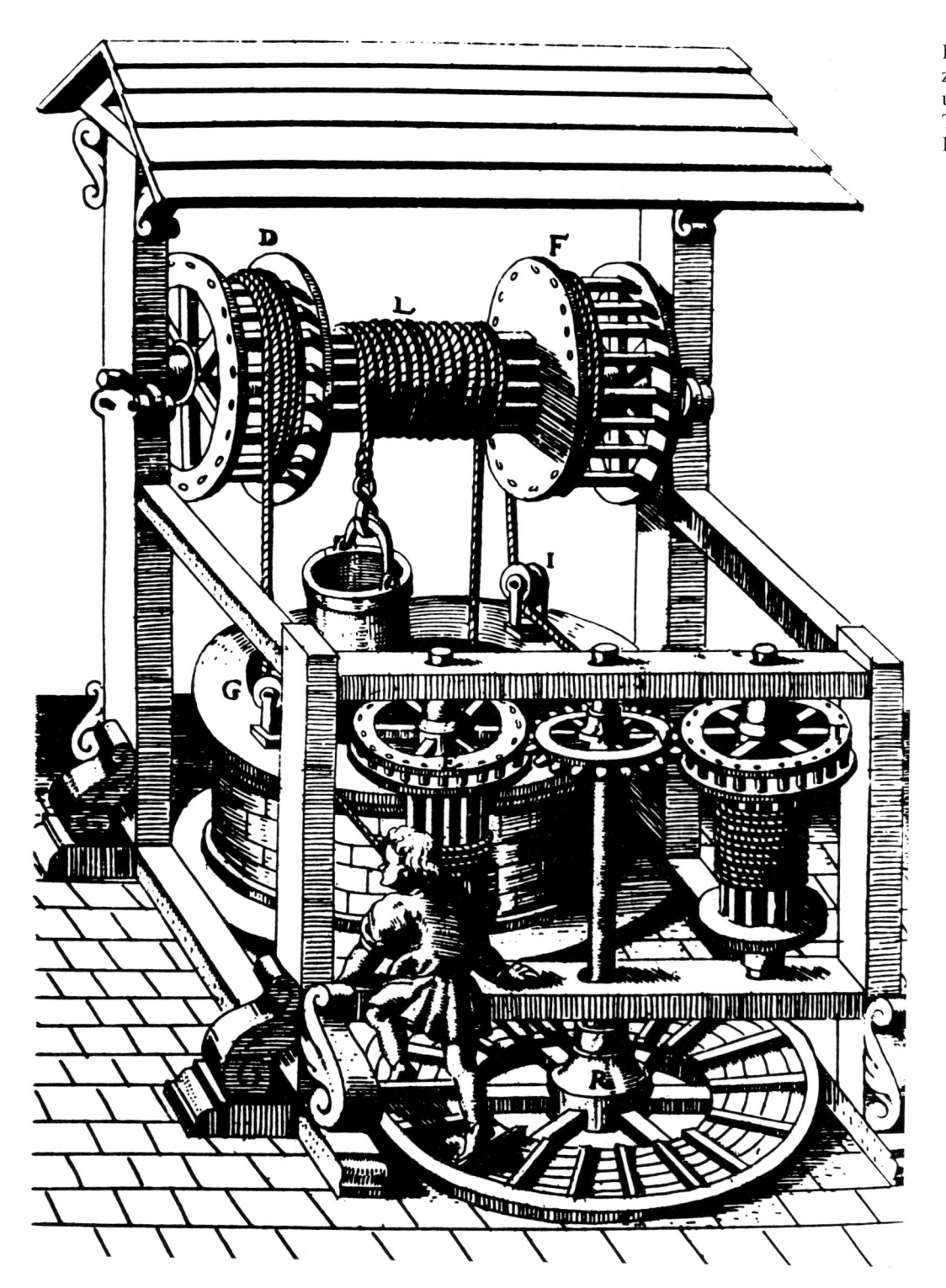

Brunnen mit
zwei Eimern
und einem
Tretrad von
Ramelli, 1588.

H in das Spindelrad S ein und dann wieder das obere Kammrad K. Das führte dann zur periodischen Drehrichtungsänderung von S und R und damit über den Waagebalken zu den Pumpbewegungen der Kolben. Das war damals eine theoretische Glanzleistung. Ob die ständige Drehrichtungsänderungen den Zähnen der beiden Kammräder gut bekommen ist, mag dahingestellt sein. Wenn kein kontinuierlicher Pumpbetrieb erforderlich war, genügten für die Wasserförderung auch gewöhnliche Eimer. Das mußte kein technischer Rückschritt sein, wie das links stehende Bild beweist.

Ramelli gab zu dem Bild mit zwei Eimern folgende Erklärung: „Die Invention dieser anderen Art einer Machinae ist auch erfunden, das Wasser durch Vorschub eines einzigen Mannes aus einem tiefen Brunnen zu ziehen."

Nichts kann den Erfindungsdrang dieser Zeit deutlicher machen als die ausgeklügelte Anwendung von so vielen Bauelementen, die alle erdenklichen Möglichkeiten ausschöpft, um ein kleines Wunderwerk zu schaffen. Er führt hier vor, daß gleichzeitig zwei Eimer – der eine nach oben und der andere nach unten – sich bewegen können. Mit der Tretscheibe dreht sich das mittlere Zahnrad und treibt zwei Seiltrommeln in entgegengesetzter Drehrichtung an. Über die Umlenkrollen J werden die beiden großen Seiltrommeln D und F in Drehung versetzt. Damit spulen sich die Seile auf der Haupttrommel L ab beziehungsweise auf und bringen einen Eimer nach oben und den anderen nach unten. Haben die Eimer ihre Endlagen erreicht, so geht der Mann auf die andere Seite und tritt das Tretrad in entgegengesetzter Richtung. Auch wenn die Ausführung in der Praxis sicher vereinfacht wurde, so hat man doch neue Wege in der Bewegungslehre gefunden.

Überdies erfordert eine neue Aufgabe eine andere Konstruktion, deren eine Ramelli mit den Worten vorstellt: „Eine andere Gattung einer Machinae, durch welcher der Vorschub einer einzigen Person das Wasser gar leichtlich aus einer Zisterne oder anderen dergleichen Örtern ziehen kann..."

Eimerketten waren eine Weiterentwicklung der tönernen Schöpfräder. Sie wurden dann eingesetzt, wenn größere Wassermengen gleichmäßig angefordert wurden. Das bedurfte natürlich auch größerer Antriebskräfte und eventuell auch Übersetzungen auf niedrigere Fördergeschwindigkeiten. Alle diese Forderungen hat Ramelli auf engstem Raum

Brunnen mit Eimerkette und Innentretrad nach Ramelli, 1588.

und ohne ein einziges überflüssiges Element entworfen. Das Innentretrad läßt auf erhebliche Wasserfördermengen schließen. Bei dieser Art von Trerädern kommt vor allem das Gewicht der Person zur Geltung. Der Mann geht von Fußleiste zu Fußleiste voran, indem er auf der Stelle etwas oberhalb des untersten Punktes des Rades tritt. Der Nachteil der Innentreträder ist vor allem, daß es schwierig ist, in dem sich drehenden Raum einen festen Anhaltspunkt für die Hände zu schaffen, so daß er wie beim Klettern bei jedem Schritt von neuem Halt für die Hände suchen muß. Jeder neue Entwurf war für Ramelli ein Erlebnis und geradezu ein Schöpfungsakt. Eine Zeichenmaschine oder gar ein Computerzeichner hätte ihm alle Freude genommen. Er verstand seine Arbeit noch als Kunst, und zwar in einer Weise, zu der wir modernen Ingenieure keinen Zugang mehr finden können. Das Vorwort Ramellis zu seiner „Schatzkammer der mechanischen Künste" mag uns einen fernen Eindruck vermitteln.

Für den gelegentlichen Hausgebrauch hat Ramelli eine sogenannte Ballenpumpe verwendet, die zu gleicher Zeit auch Agricola empfahl. Dabei wird eine Ballenkette durch ein Rohr gezogen, dessen Innendurchmesser der Ballenstärke entsprach. Man könnte eine solche Anlage mit einem geschlossenen Paternoster vergleichen. Die Fördermenge wird von dem Ballendurchmesser und dem Abstand der Ballen voneinander bestimmt. Das Kind an der Kurbel im Sonntagsanzug ist wohl mehr eine Demonstrierung der Leichtigkeit, mit der ein solcher Brunnen in Gang gesetzt werden kann. Auch der schöne Brunnen dient mehr der Erbauung. Ein rein technisches Buch hatte damals wohl schon die gleichen Absatzschwierigkeiten wie heute.

Ramellis Buch beinhaltet hundertachtzehn Entwürfe verschiedenster Art, doch wir wollen es mit dem nächsten Bild bewenden lassen, das einen Ziehbrunnen mit Eimer zeigt, der von einem Außentretrad betrieben wird. Ramelli hat es gut gemeint, daß er den Mann das Tretrad im Sitzen antreiben läßt. Bei kurzzeitigem Betrieb und kleinen Wassermengen mag das möglich sein, bei längerem Betrieb und stärkerer Belastung wird der Mann aufstehen und sich herumdrehen müssen, um ordentlich treten zu können. Eine Reihe von Übersetzungen gestattet es, die

Vorrede Ramellis zu seinem Buch „Schatzkammer der mechanischen Künste" (Ausschnitt), 1588.

Ziehbrunnen mit Eimern und Außentretrad nach Ramelli, 1588.

Hubgeschwindigkeit des Eimers richtig einzuhalten.

Auch im hohen Norden Europas haben Treträder zur Sicherung des Wasserbedarfes und zur Verrichtung anderer mühsamer Tätigkeiten, für die die Kraft der Arme nicht ausreichte, beigetragen. Dabei wurden häufig auch Tiere der freien Natur eingesetzt, wenn sie zähmbar waren. Bis in das zwanzigste Jahrhundert hinein war der Braunbär über ganz Europa verbreitet. In Mittel- und Südeuropa ist er nahezu ausgestorben, genauer gesagt ausgerottet worden, wegen seiner angeblichen Gefährlichkeit. Doch wenn man nicht beharrlich seinen Wohnbereich mißachtet, dann geht er dem Menschen aus dem Weg. Wir sind ihm viel zu gefährlich, als daß er sich leichtsinnig mit uns anlegt. Die Bären galten bei vielen Völkern als heilig. Aber auch das rettete ihn nicht. Die Erde wird ärmer ohne ihn sein. In Skandinavien, das teilweise recht unzugänglich ist, hat er bis jetzt überlebt. So sehr der Braunbär auch mißtrauisch ist, seine Neugierde ist größer, und seine Gutmütigkeit macht ihn relativ leicht zähmbar. Bis zum Beginn des Ersten Weltkrieges tanzten in den Städten und Dörfern viele Braunbären an der Leine von Bärentreibern auf den Straßen und Hinterhöfen zum Tamburin.

Olaus Magnus (1490 bis 1557) beschreibt in seinem Buch „Historia degentibus septentrionalibus" um 1555, wie in dem schwedischen Kupferbergwerk bei Falun im Bezirk Kopparberg Braunbären in Treträdern für die Wasserversorgung arbeiteten. Diese Nachricht wird zwar oft bezweifelt, doch Magnus kannte die Zähmbarkeit von Bären gut genug, deren Gewicht und Gutmütigkeit sie für solche Arbeiten geeignet machte.

Bären im Tretrad für die Wasserversorgung eines Kupferbergwerkes bei Falun/Schweden nach O. Magnus um 1555.

Mechanische Arbeiten in der Landwirtschaft

Die Feldbestellung und die Bewässerung der Äcker sind nur die Voraussetzungen für gute Ernten, mit deren Reife ein wesentlicher Bereich der bäuerlichen Arbeiten beginnt, wie das Schneiden, Dreschen, Fegen, Mahlen, Pressen und anderes.

Das Getreide wurde zunächst mit Steinmessern geschnitten und ab etwa 4000 v. u. Z. mit Feuersteinmessern, ja sogar mit Feuersteinsicheln. Später kamen die Bronze- und die Stahlsense hinzu, die sich in Europa bis zum Ende des Zweiten Weltkrieges behauptet haben.

Zur völligen Überraschung fand man in Belgien aus der römischen Zeit um 50 u. Z. bei Ausgrabungen ein Relief, auf dem eine Mähmaschine mit einem Pferd abgebildet ist. Die Maschine wird von dem Pferd geschoben, da-

Römische Mähmaschine, um 50 u. Z., nach einer Ausgrabung in Belgien 1958, Bild: VDI-Verlag.

mit es nicht das noch stehende Getreide niedertritt.

Der Mann an den Messern räumt die geschnittenen Halme zur Seite. Solche Mähmaschinen erwähnt auch Plinius d. Ä. (23 bis 79 u. Z.). Trotzdem dauerte es noch ziemlich genau tausendneunhundert Jahre, bis die Reihen von Schnittern auf den Feldern von den Maschinen verdrängt wurden. Es ist Nostalgie, dem herbstlichen Bild von Knechten mit Sensen und Mägden beim Zusammenrechen der Garben und dem Duft des Getreides nachzutrauern. Die Arbeit war schwer und nahm den größten Teil eines Lebens voller Mühe und Plagen ein. Noch nie wurde die Handarbeit so verachtet wie heute, obwohl sie nunmehr ihren Mann gut nährt und ihn an allem teilhaben läßt. Es wird wohl noch eine Zeit dauern, bis die Versuche der ewigen Proletarisierung aufhören. Auf dem Land jedenfalls war auch schwere Arbeit keine Niederlage, und sie war oft schwer, wenn auch nie unmenschlich. Es dauerte immer eine gewisse Zeit, bis die Menschen sich für jede Arbeit spezielle Werkzeuge entwickelten. Das ist auch beim Dreschen der Ähren der Fall.

Die früheste Form des Dreschens war das Treten und Schlagen der Halme mit den Ähren. Es war die einfachste, aber nicht sehr wirksame Muskelarbeit, die man, wo es ging, schon vor dreitausend Jahren den Tieren überließ. Man spannte Zugtiere vor Dreschschlitten, wenn sie nicht einfach über das ausgebreitete Getreide geführt wurden, wie es bis vor einiger Zeit noch in Südafrika üblich war.

Dreschen mit Pferden in Südafrika, etwa um 1910.

„Drescher mit Bauernwagen", eine Farbkreidezeichnung von P. P. Rubens, die sich im Getty-Museum in Minneapolis/USA befindet.

Die auf dem Bild dargestellte Methode entspricht schon weitgehend einem Pferdegöpel. Dabei ist lediglich der Göpelbaum durch einen Zügel ersetzt, der von einem Mann im Mittelpunkt des Dreschkreises festgehalten wird. Der zweite Mann breitet laufend das Dreschgut vor den Hufen der Pferde aus.
Dreschschlitten findet man heute noch in der einfachsten Form in vielen Ländern an. Dabei gehen die Tiere, meist Ochsen, entweder an einem Göpelbaum angeschirrt im Kreis herum oder werden von einem Arbeiter am Zügel geführt.
Über Jahrtausende hinweg wurde aber zumeist mit einem Prügel oder Flegel gedroschen. Der Dreschflegel, der aus einem festen und einem beweglichen Teil besteht, soll auf das 4. Jahrhundert u. Z. zurückgehen und erstmals in Afrika aufgetaucht sein. Er war bis in das 20. Jahrhundert in Europa das übliche Dreschwerkzeug. Der Drescher selbst war ein Teil dieser Arbeitsmaschine und gleichzeitig die Kraftmaschine, die den Flegel rotieren und auf die Ähren fallen ließ. Die Älteren von uns haben noch das rhythmische Schlagen der sich gegenüberstehenden Knechte in der Tenne im Ohr. Die Arbeit war nicht gerade beliebt, aber in der Gemeinschaft war sie weniger stupid als manche Maschinenarbeit in der Industrie. Es gab eigene Trupps von Hilfsarbeitern, die von Hof zu Hof wanderten, um zu dreschen. Auch sonst wurde jede Arbeit angenommen.
Peter Paul Rubens (1577 bis 1640) hat uns eine Kreidezeichnung hinterlassen, die einen beweglichen Dreschflegel in der endgültigen Form zeigt.
Man kann die Einheit von Arbeiter und Dreschflegel guten Gewissens als Muskelkraftmaschine bezeichnen. Es fehlt definitionsgemäß nur die feste Welle.
Im 18. Jahrhundert fand in Mittel- und Nordeuropa die Dreschwalze Verbreitung. So lud (nach Ottenjann) im Jahr 1750 ein schwedischer Kanzleirat einen bulgarischen Bauern nach Schweden ein, um die bulgarische Dreschwalze vorzuführen, die bereits eine konische Form hatte, damit sie von selbst im Kreis lief. Die Walze wurde meist von Pferden gezogen. Die älteste Nachricht einer Dreschwalze, die von Ochsen gedreht wurde, stammt aus dem Karthago der römischen

Konische Dreschwalze mit einem Pferd im Göpel, um 1850, nach einer Zeichnung im Museumsdorf Cloppenburg.

Zeit. Mit dem Aufkommen der Dreschwalzen verloren viele Hilfsarbeiter ihre Winterarbeit. Das Problem ist uralt. Hier zeigen sich die zwei Gesichter der Technisierung, die einerseits die Erleichterung der Arbeit und andererseits einen Minderbedarf an Arbeitskräften bringt. Armut und Not kam durch die Dreschwalze in einigen Regionen über die Landarbeiterfamilien, so daß in der Zeit der Revolution von 1848 auch die Abschaffung der Dreschwalzen gefordert wurde.
Die Dreschwalzen wurden nicht abgeschafft. Und fünfzig Jahre später bot die Industrie so viele Arbeitsstellen an, daß die durch die Mechanisierung in der Landwirtschaft beschäftigungslosen Menschen dort Arbeit finden konnten. Der allgemeine Lebensstandard stieg. Doch der Vorgang ist nicht umkehrbar. Das wird das größte Problem des 21. Jahrhunderts werden. Die Vorboten stehen bereits im Land. Es ist nicht leicht, klarzumachen, daß man auf der einen Seite mit Geld keine Arbeitsplätze schaffen kann, besonders wenn man es nicht hat, und daß auf der anderen Seite eine virenhafte Vermehrung der Computer sich zur arbeitstötenden Seuche entwickelt.
Solange keine Überbevölkerung herrschte, waren solche Schwierigkeiten immer wieder aufzufangen. Die Göpel und Treträder erleichterten vorwiegend die Schwerarbeit und machten manche neue Arbeitsstelle überhaupt erst möglich. Es war sinnvoll, mit Göpeln höhere Energien zur Verfügung zu stellen. Allein der ständige Bevölkerungszuwachs setzte die ewige Schraube: mehr Menschen, mehr Ware, mehr Energie in Gang, deren natürliche Grenze nunmehr erreicht ist, ob wir es wahrhaben wollen oder nicht. Das konnte man damals noch nicht ahnen, zumindest den Zeitpunkt nicht erkennen.
Zum Ende des 19. Jahrhunderts häuften sich die Erfindungen und Entwicklungen im Maschinenbau geradezu atemberaubend. In der Landwirtschaft entwickelten die Mühlenbaumeister brauchbare Einheitsgöpel aus den

Bauskizze für ein feststehendes Göpelwerk mit zwei Pferden, aus dem 19. Jahrhundert.

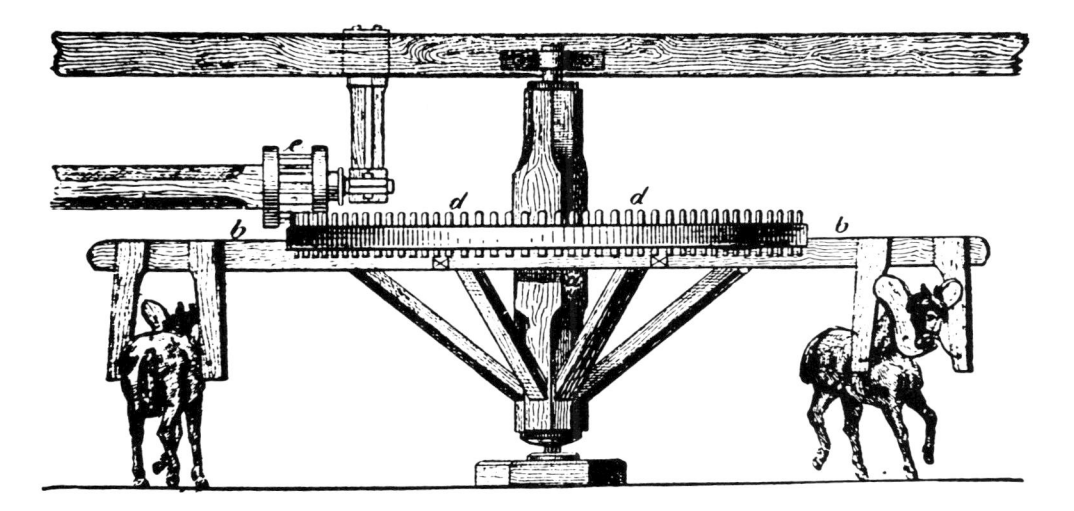

Bauelementen, die sich im Windmühlenbau seit Jahrhunderten bestens bewährt hatten. Einziges Material waren verschiedene Hölzer, auch für das Kammrad und das Ritzel. Die Kräfte im Göpel waren ja weitaus geringer als die Windkräfte.

Um die letzte Jahrhundertwende hatten wir in Europa nicht nur die größte Anzahl von Windmühlen mit etwa fünfzigtausend, sondern auch den höchsten Stand von Tiergöpeln, die fast ausschließlich in der Landwirtschaft eingesetzt waren, obwohl es um diese Zeit schon längst Dampfmaschinen, Verbrennungs- und Elektromotoren gab. Es ist nicht so, daß es mit den Göpeln allein nicht mehr weitergegangen wäre. Es war nur einfacher,

Dreschmaschine der Firma Lanz, um 1880, mit Pferdegöpel.

bequemer und billiger, sich auf Motoren umzustellen, und das galt ganz besonders für die Drescharbeiten.

Die erste brauchbare Dreschmaschine baute der schottische Windmühlenbauer Andrew Meikle 1788 mit einer rotierenden Trommel und vier Schlagleisten. Auf diesem Prinzip beruhen alle späteren Dreschmaschinen. Sie wurden entweder von Windmühlen oder von Tiergöpeln angetrieben. Unsere heutige Meinung, daß so ziemlich alles im 20. Jahrhundert erfunden wurde, ist absolut irrig. Das erste Auto fuhr vor zweihundertzwanzig Jahren, das erste Dampfschiff vor hundertachtzig Jahren, das erste Luftschiff vor hundertdreißig Jahren, die erste Eisenbahn vor hundertsiebzig Jahren, das erste U-Boot (mit Tretantrieb) vor fast hundertfünfzig Jahren. Die Solarzelle ist hundert Jahre alt, die erste Rechenmaschine dreihundert Jahre, die erste Rakete flog vor siebenhundertsechzig Jahren, und die Atomphysik wurde vor zweitausendvierhundert Jahren begründet.

Vieles davon ist heute in den Museen zu sehen, wie zum Beispiel noch einige Muskelkraftmaschinen oder Dampfmaschinen. Diese Ungetüme sind Quelle und Beginn unserer Industriezeit, die wir der Findigkeit und dem Fleiß sowie den Entbehrungen unserer Vorfahren verdanken; die größere Leistung besteht darin, aus dem Nichts etwas zu schaffen, als das Vorhandene weiterzuentwickeln. Lächeln wir also nicht über die Anfänge.

Diese Dreschmaschine wurde von vier bis acht Pferden angetrieben. Eine tiefliegende Welle führte vom Göpel nach außen, an deren Ende eine große Riemenscheibe saß, die für hohe Drehzahlen der Dreschmaschine sorgte. Da sich die Dreschmaschine unter Dach befand, konnte bei jeder Witterung gedroschen werden.

Solche Göpelwerke wurden in der zweiten Hälfte des vorigen Jahrhunderts zunehmend industriell aus Stahl und Stahlguß hergestellt und sind in Einzelexemplaren noch in Betrieb. Dafür wurden für die bäuerlichen Müh-

Göpelbetrieb auf einem westflämischen Hof in Holland, 1976.

len, die recht häufig waren, vom 18. bis 20. Jahrhundert runde oder achteckige Göpelhäuser mit einem Mahlgang gebaut. Wir werden sie in dem Kapitel über den Mühlenbau wiederfinden.

Auf dem Land mußten jedoch nicht nur Feld- und Erntearbeiten, sowie das Dreschen und Mahlen ausgeführt werden. Auch die Hausarbeit nahm viel Zeit in Anspruch, ganz besonders auf den früheren großen landwirtschaftlichen Betrieben, wo viele Knechte, Mägde und Aushilfskräfte beschäftigt waren. Da jede Arbeit von Hand erledigt werden mußte, verfügte allein der Küchenbetrieb über eine stattliche Anzahl von Haus- und Küchenhilfen. Auch die Kinder mußten etwas mithelfen. Das traf bis zum Ersten Weltkrieg und darüber hinaus auch für den unteren städtischen Mittelstand zu, wo das Dienstpersonal außer Essen und einer Schlafstelle nur ein paar Mark Lohn erhielt. Das würde man heute als Ausbeutung bezeichnen. Aber noch bis in die dreißiger Jahre galt es als ein Glück, eine solche Hausstelle zu bekommen. Allein am vierzehntäglichen Waschtag mußten zwei Frauen von Sonnenaufgang bis in die Nacht mit dem Berg von Wäsche fertig werden. Die Familien waren groß, und kein Elektro- oder Gasherd erleichterte das Mühen. Fließendes Wasser im Haus war keine Selbstverständlichkeit. Der uns so gemütlich erscheinende Holzherd erforderte vom Holzsammeln, Hacken, Spänemachen, Reinigen, morgens früh um fünf Uhr Feuermachen, Waschwasser für die ganze Familie aufsetzen, bis zum Nachschüren und Wegtragen der Asche viel Arbeitszeit. Auf größeren Höfen gab es dafür eine eigene „Feuerdirn". Die Tüchtigkeit der Bäuerin und der Hausfrau in der Stadt war für das Leben der Familie entscheidend. Der Tagesablauf war eine einzige Kette von mittlerer bis schwerer Arbeit. Sie war die Voraussetzung dafür, daß der Mann den Unterhalt schaffen konnte. Das Lebensalter eines Mannes lag damals um zehn Jahre niedriger als das der Frau, die mit seinem Tod meist noch in Not geriet.

Keine Gebrauchsmaschine im Haushalt erleichterte die Arbeit. Die Böden mußten wöchentlich mit Wasser, Sand und Bürste geschrubbt werden. Vorräte mußten für den Winter eingekocht werden. Selbst die Butter mußte aus dem Abrahm der Milch wöchentlich gerührt und geschlagen werden. Man wußte es nicht anders, als daß es viel Arbeit gab, die eben erledigt werden mußte. Auf dem Land, wo auf einem Hof nicht nur viele Menschen zusammenlebten, für den Betrieb arbeiteten, fielen mehrere Hilfskräfte, die wenig produktiv waren, schon ins Gewicht. So griff man dort zuerst nach jeder Möglichkeit, viele Arbeiten zu mechanisieren.

Hundegöpel mit Stampfbutterfaß im Museumsdorf Cloppenburg um 1850.

Der Butterbedarf war auf dem Land mit den vielen Mehlspeisen – Fleisch gab es nur sonntags – recht groß. Wenn das Buttern auch keine Schwerarbeit ist, so erforderte es doch täglich viele Stunden. Man kam deshalb auf den Gedanken, auch das Buttern den Haustieren zu übertragen.

Um 1840 hatten Hundegöpel für die Buttergewinnung schon eine gewisse Verbreitung in Norddeutschland gefunden, bis ab etwa 1900 die Molkereien allmählich die Butterversorgung übernahmen.

Das Brot war bis tief in das 20. Jahrhundert die Hauptnahrung für die Menschen auch in Europa. Man brockte es in warme Milch oder tunkte es in Fett oder Eier usw. Dementsprechend groß waren die Brotmengen, die mehrmals wöchentlich gebacken werden mußten. Die schwerste Arbeit dabei war das Kneten des Teiges. Das war schon im alten Ägypten so, wo das Kneten noch mit den Füßen erfolgte. Herodot (484 bis etwa 424 v. u. Z.) lästerte deshalb, daß die Ägypter den Brotteig mit den Füßen und den Lehm mit den Händen kneteten. Nun, so große Mengen Teig kann man einfach nicht mit den Händen bearbeiten. Man überließ deshalb die Arbeit den Pferden, Eseln oder Rindern im Göpel.

Aus Pompeji ist uns ein Knetwerk aus dem 1. Jahrhundert u. Z. überliefert, das sich im Prinzip über zwei Jahrtausende erhalten hat. Das Knetwerk bestand aus drei beweglichen Holzscheiben, die den Teig beim Drehen mitnahmen und an den in den Zwischenräumen stehenden Stäben abstreiften. Die Scheiben wurden von Sklaven oder von einem Esel mittels des Göpelbaumes angetrieben. Das schwarz gezeichnete Lager dürfte aus Bronze gewesen sein.

In Norddeutschland wird seit dem 8. Jahrhundert v. u. Z. Roggenbrot hergestellt. Auf den großen bäuerlichen Höfen wurden pro Woche bis zu drei Zentner Roggen verbakken, und zwar zu Laiben bis 25 Kilogramm. Dazu brauchte man Knettröge bis zu vier Meter Länge, in denen mehrere Personen mit den Füßen kneteten. Das geschah so bis in unser Jahrhundert. Man kann sich denken, wie viele Menschen auf einem Hof arbeiteten, und zwar um kaum mehr als für das Essen und eine Schlafstelle, doch echte Not litt niemand dabei.

Nach der Niederschlagung des Bauernkrieges von 1525 verschlechterten sich die Lebensverhältnisse zusehends. Die Landbevölkerung kam hernach in eine härtere Fron als vorher. Der private, kirchliche, feudale und staatliche Großbesitz beschäftigte nun ein Heer billigster Landarbeiter, zu denen sich landwirtschaftliche Zwangsarbeiter, Frauen und Kinder gesellten. Vom geistigen und moralischen Aufbruch der Renaissance war nichts mehr übriggeblieben. Die Massengesellschaft mit ihren Problemen, Gesetzlosigkeiten und Verirrungen wurden am Horizont

Aufbau eines Knetwerkes in Pompeji im 1. Jahrhundert u. Z.

sichtbar. Feudalherren verkauften Menschen und Soldaten für fremde Kriege. Der Staat wurde zum unpersönlichen Ungeheuer (Nietzsche), das die Werte und Unwerte festsetzte. Auch heute noch sind die unmenschlichsten und meist politisch begründeten Verknechtungen möglich. Das kommt nicht nur in Afrika oder Südamerika vor. Wir haben es im Herzen Europas selbst erlebt.

Menschen wurden zu allen Zeiten in Unfreiheit zur Megamaschine der Muskelkraft erniedrigt, und kein System auf der Erde hat das zu irgendeiner Zeit zu ändern vermocht. Nichts korrumpiert so gründlich wie die Macht jedweder Form.

Die Peitsche der Aufseher ist hier der unsichtbare Göpelbaum. Was mag wohl in den Gehirnen der Aufseher vorgehen? Geht überhaupt etwas darin vor? Was erzählen sie abends ihren Frauen? Was sagen sie ihren Kindern über ihre Arbeit?

Auch wenn solche Methoden nur Auswüchse waren und nicht die Regel, so wird man der Bedrückung darüber wohl nie Herr werden. Eine schwere Arbeit in Freiheit ist eher zu ertragen als eine leichte in Unfreiheit. Das Arbeitsleben war bis in unser Jahrhundert hinein oft übermäßig hart und schwer, auch wenn es sich nur um die einfachsten Verrichtungen handelte.

Landwirtschaftliche Zwangsarbeiter als eine große Muskelkraftmaschine im 18. Jahrhundert.

Wie schwer die Arbeit auch der freien Menschen im Altertum, hier als Beispiel bei der Früchteverwertung, sein konnte, zeigt ein griechisches Vasenbild aus der Zeit um 400 v. u. Z.

Griechische Wipp-Ölpresse mit Preßbaum um 400 v. u. Z. nach einem Vasenbild.

Diese Wipp-Ölpresse ist wohl die einfachste Form einer Muskelkraftmaschine. Nichts dreht sich an der Vorrichtung, und doch arbeiten zwei Männer mit der ganzen Kraft, der sie fähig sind, und zwar ganztags. Auf dem Schemel (rechts) steht ein Sack voll Oliven, vielleicht mit gelochten Scheiben unterteilt. Der Preßbaum ist rechts verankert und liegt auf dem Sack mit einer Endscheibe auf. Ein Mann hängt an das andere Ende des Baumes ein großes Steingewicht, während eine zweite Person an der Stange mit Armen und Beinen hängt und den Baum in Schwingung versetzt. Das ausgepreßte Öl fließt in ein tönernes Gefäß.

Einige Jahrhunderte später entstanden Keil- und Spindelpressen, die ebenfalls große Muskelkräfte erforderten und häufig, wenn es sich um gewerbliche Herstellung von Speiseöl handelte, von Sklaven betrieben wurden, wobei die Spindel wie bei einem Göpel von Menschen gedreht wurden. Diese Art von Ölpressen wurde erst abgelöst, als sich die Ölmühle mit dem Kollergang, einem Mahlsteinpaar, das seit mehr als zweitausend Jahren in Gebrauch ist, ausbreitete und mit Windantrieb ab etwa 1200 u. Z. zur Standardmühle wurde.

Diese römische Ölmühle, das Trapetus, ist in ihrem Aufbau bereits sehr gut durchdacht. Die beiden Kollerscheiben sind in der Form dem Innenverlauf des hohlen Bodensteines

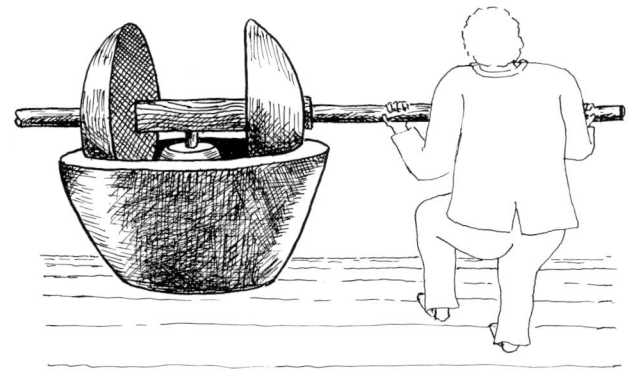

Römische Ölmühle mit Kollergang für den gehobenen Hausgebrauch etwa um 100 v. u. Z.

so angepaßt, daß sie, wenn sie unten satt anliegen, am oberen Rand der „Schüssel" noch etwas Luft haben. In der Mitte der Schüssel oder des Troges befindet sich ein Pfeiler, in dem ein herausnehmbarer Zapfen steckt. Der Zapfen bestimmt die Höhe der waagerechten Achse und kann z. B. durch dünne Unterlagen höher oder tiefer gestellt werden. Damit kann die Lage der Kollerscheiben so eingestellt werden, daß am oberen Ende des Troges die Oliven oder andere Ölfrüchte nur gebrochen und am unteren Ende gequetscht werden.

Bis in die Neuzeit hinein waren 80 bis 90 Prozent der Bevölkerung in der Landwirtschaft tätig. Die dünne Schicht von Handwerkern war kaum in der Lage, die anderen notwendigen Erzeugnisse herzustellen. In den heutigen Industriestaaten arbeiten gerade noch vier bis sieben Prozent der Bevölkerung in der Landwirtschaft. So besteht bereits ein Überangebot an freien Arbeitskräften für die Herstellung von vielseitigen notwendigen und unnötigen Artikeln, das zu einer Verbrauchergesellschaft und einer Wegwerfgesellschaft mit einer unglaublichen Verschwendung der Naturschätze, die unersetzbar sind, führt.

Mit dieser Entwicklung konnte nur die Energie nicht mithalten. Die Revolutionierung der Landwirtschaft in den USA überstürzte sich geradezu. Riesige Dreschmaschinen bearbeiteten die weiten Felder, doch als Zugkraft standen nur Pferde zur Verfügung.

Eine riesige Ansammlung von Muskelkraft stand am Anfang einer atemberaubenden

Mähdrescher mit zweiunddreißig Zugpferden in Kalifornien, 1904.

technischen Entwicklung der Landwirtschaft, deren Spätfolgen noch niemand ahnen konnte, nachdem die Muskelkraft durch leistungsfähige Kraftmaschinen zunächst in Form von Dampfmaschinen und dann von Traktoren ersetzt wurde. Hunderttausende von arbeitslosen Landarbeitern, Überforderung des Bodens, immer stärkerer Einsatz von Kunstdünger und Pestiziden und ein kaum zu verkraftender Kapitaleinsatz, der eine Katastrophe schon sichtbar macht, sind die Folge. Die Natur hat ihre eigenen Gesetze und ihr eigenes Zeitmaß. Und so spricht man heute von Ökologie und meint damit, mit Schadstoffen unter der gerade noch für die Natur zumutbaren Grenze zu bleiben. Wir Maschinenmenschen fühlen uns nicht mehr als Teil der Natur, sondern als deren unumschränkter Herr.

1912 konnte Max Geitel noch schreiben: „Noch heute behauptet sich der Göpel in der Landwirtschaft; denn er ist billig, einfach und ausreichend." Siebzig Jahre später kommt uns diese Feststellung bereits archaisch vor. Das ist gewiß ein Lob für die Technik, das jedoch von einem Mangel an Gedächtnis begleitet wird. Es klingt noch fremd zu sagen: So wenig Technik wie möglich und so viel wie nötig. Das wäre ein Segen für die Natur, für unsere Lebenswerte und unsere Seele, die am meisten unter den Zivilisationskrankheiten leidet.

Mahlen und Mühlen

Das Mühlenlied

Nun sind gekommen, kund der Zukunft
Fenja und Menja zum Fürstenhaus.
Als Mägde müssen die starken Mädchen
Frodi dienen, dem Friedleifsohn.

Zum Mahlkasten mußten sie gehn,
den grauen Stein in Gang zu setzen.
Zu Ruh und Rast rief er sie nicht;
hören wollt er den Hall der Arbeit.

Laut ließen sie lärmen die hallende,
bis aller anderen Arbeit ruhte.
„Still nun stehe Stein und Mühle!"
Doch mehr zu mahlen die Mägde er hieß.

Matt ward der Arm und die Mühle stand,
und Frode sprach also sofort:
„So kurz nur schlaft, wie der Kuckuck schreit,
nicht länger, als ich ein Liedlein spreche!"

Sie sangen und schwangen den schweren Stein,
bis all die anderen Mägde schliefen.
Es schlief der König und der Kämpen Schar;
da sprach Menja an der Mühle stehend:

„Dir fehlte Grodi, Freund der Krieger,
kluge Vorsicht beim Kauf der Mägde.
Du wähltest wohl nach Wuchs und Kraft,
achtest aber der Abkunft nicht.

Nicht kam der Stein aus grauem Fels,
nicht stieg der starke Stein aus der Erde,
nicht mahlte hier die Maid der Riesen.
Ahntest Du etwas von unserem Geschlecht?

Nun sind wir gekommen zum Königshaus
ins Mißgeschick und zum Mägdedienst.
Kalt ist der Körper und klamm die Füße.
Des Friedens Förderer, für Frodi wir drehn."

Die Mädchen mahlten mit mächtiger Kraft,
die Jungfrauen im jähen Zorne.
Die Stangen brachen, es stürzten die Balken,
der starke Stein in Stücke sprang.

Da rief die Maid aus dem Riesenstamme:
„Wir mahlten, Frodi, zur Freude für uns;
am längsten die Maid an der Mühle stand!"
                (aus der Edda, gekürzt)

„Im Schweiße Deines Angesichts sollst Du Dein Brot essen, bis daß Du wieder zu Erde werdest ..." 1. Mose 3, 19.

Neuntausend Jahre galt diese Regel. War sie ein Fluch? In den industrialisierten Ländern wurde sie in den letzten siebzig Jahren gemildert, ja nahezu aufgehoben.

Vor dem Brot lag das Mahlen der Körner. Es war einst eine mühselige Arbeit. Das Leid damit zieht sich ebenso durch unsere ganze Geschichte hindurch wie das Leiden derer, denen die Arbeit aufgezwungen wurde. Die Arbeit an der Mühle regte über Jahrtausende die Dichter an.

Das Mühlenlied aus der Edda wurde um 1250 von einem Sammler zusammengetragen. Es dürfte um 1150 u. Z. entstanden sein, in einer Zeit, in der die germanische Mythologie noch wach war. Nur auf Island überlebte das Lied die Christianisierung.

Das eddische Mühlenlied fällt in die Epoche des dänischen Königs Frodi, die schon bald von den Wikingern jäh beendet wurde. Nach der neuesten Mühlenforschung besteht jedoch kein Anlaß, die Mühle wie im Gedicht als Wünschelmühle darzustellen. Wie bei den meisten Sagen steht eine geschichtliche Tatsache dahinter. Bereits im 7. Jahrhundert u. Z. existierten Windmühlen, in denen man größere Mühlsteine brauchte, deren Transport unerklärlich war. Hier mußte die Sage aushelfen. Im Falle der eddischen Mühlen konnten nur Riesen so große Steine zur Mühle bringen und dort bewegen. Vielleicht waren es auch Halbgötter, also Abkommen von Göttern und irdischen Mädchen. Die Schwäche der Götter für irdische Schöne war ja nicht auf den Olymp der Griechen beschränkt. Das machte sie so menschlich und zugänglich.

Kehren wir wieder ganz zur Erde zurück, wo niemand mit überirdischen Kräften beim Mahlen half. Angefangen hat das Zerkleinern von Körnern in größerem Stil vor etwa achttausend Jahren auf den vier großen Erdteilen ungefähr zu gleicher Zeit mit Reibsteinen verschiedener Formen oder auch mit Stampfen. Beide Arten finden sich heute noch bei Völkern unerschlossener Gebiete, vor allem in Mittelafrika. Das meist damit einhergehende Matriarchat forderte von den Frauen einen recht hohen Preis in Form von tagesfüllender Schwerarbeit neben der Betreuung und Erziehung der Kinder.

Die Traditionen bei den einzelnen Stämmen und Völkern Afrikas waren so gefestigt, daß beispielsweise heute noch die Reibsteine der Bantu sich von denen der Mosotho nicht unwesentlich unterscheiden.

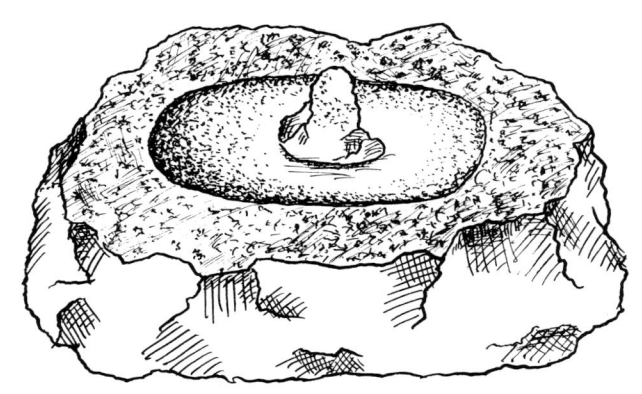

Reibstein aus der Zeit um 800 v. u. Z. im Mittelmeerraum.

Mit der zunehmenden Zahl der Kinder konnte die Mutter allein nicht mehr die ausreichende Menge Getreide mahlen. Man hat errechnet, daß man in ungefähr vier Stunden ein Kilogramm Korn zermahlen konnte. Wenn ein Mann nicht mehrere Frauen hatte, was ja die Regel war und in Afrika zum Teil noch ist, mußten auch die Kinder mahlen. Die Männer bearbeiteten den Acker, jagten

Indische Handmühle mit rotierendem Oberstein, um 800 v. u. Z.

oder bauten die Hütten in Gemeinschaftsarbeit.

Die eigentliche rotierende Mühle, die man sinngemäß als Muskelkraftmaschine bezeichnen kann, tauchte um 800 v. u. Z. in Indien auf. Sie erfüllte alle Merkmale einer Mühle und ließ sich fast beliebig vergrößern.

Mit der indischen Handmühle taucht auch recht früh die Handkurbel auf, die bei so vielen Muskelkraftmaschinen von den Betreibern fast Unmögliches abverlangte. Die Handmühle hat den Vorteil, daß nicht der ganze Körper mitbeansprucht wird, aber auch den Nachteil, daß damit die Leistung geringer ist. Andererseits ist der Mahleffekt bei einer ständigen Rundbewegung größer als am Reibstein, wo nur in der Stoßrichtung der Hände tatsächlich gemahlen wird.

Der Ingenieur und Technikforscher Franz Maria Feldhaus († 1957) stellte die Geschichte der muskelbetriebenen Mühlen in seiner anschaulichen Weise dar. Die Entwicklung

Muskelbetriebene Stampfen und Mühlen in der Übersicht von F. M. Feldhaus.

reicht von der Stampfe, die bei vielen Naturvölkern noch heute ihren festen Platz hat, über die Anke, eine Wippe mit Stößel, und die Handmühle bis zum tiergetriebenen Kollergang. Als Kollergang bezeichnet man heute ein Mahlsteinpaar, bei dem der Oberstein senkrecht zum Unterstein angeordnet ist. Dabei wird das Mahlgut nicht zwischen den Scheiben zerrieben, sondern von dem Oberstein zerquetscht. Dabei entsteht sehr hoher Druck, der bei der Ölmühle notwendig ist.

Jede Verbesserung der Ernährungsmöglichkeiten hatte zu allen Zeiten – auch in den

63

heutigen Notstandsgebieten – zwangsläufig ein Anwachsen der Kinderzahl zur Folge. Auch die Maschinen mußten dem höheren Bedarf angepaßt werden. Die Mühlen wurden größer und leistungsfähiger und erhielten eine günstigere Form, die den Mehlabfluß verbesserte. Der Mahlgang bestand schon vor fast dreitausend Jahren aus einem Unter- und einem Oberstein, die etwa gleich groß waren. Bereits Moses verbietet im 23. Kapitel, Vers 6: „Du sollst nicht zum Pfand nehmen den unteren und den oberen Mühlstein; denn damit hättest Du das Leben zum Pfand genommen." Es wird bewußt von beiden Steinen gesprochen; denn mit einem Mühlstein und einem Handstein hätte man sich behelfen können.

Leider haben wir von den griechischen Mühlen und Handmühlen, die in Häusern und Bäckereien selbstverständlich waren, keine Abbildungen. Homer erwähnt sie im VII. Gesang der Odyssee (103–105): „Fünfzig Weiber dienten im weiten Palaste des Königs. / Diese bei rasselnden Mühlen, zermalmeten gelbes Getreide, / Jene saßen und webten und dreheten emsig die Spindel." Die fünfzig Dienerinnen dürften wohl Sklavinnen gewesen sein, zumindest Unfreie.

Die Römer waren die geborenen Techniker. Sie fanden den Weg, das Getreide in größeren Mengen in einen trichterförmigen Oberstein einzufüllen und diesen so zu formen, daß die Körner ringsherum erfaßt und mit dem gewünschten Druck zerrieben wurden und dann als Mehl nach unten abliefen.

Die Trichtermühle war ab etwa 200 v. u. Z. die Standardmühle für römische Bäckereien. Von ihr sind viele Abbildungen vorhanden. Die Arbeitskraft dazu spendeten meist Esel oder Pferde. Die zentrale Bedeutung dieser Kornmühlen für die Lebensmittelversorgung der Städte führt uns das Grabmal eines Großbäckers aus Rom vor Augen.

Das Relief zeigt uns die genaue Konstruktion der Mühle und das einfache Geschirr des Tieres. Das Mehl konnte während des Betriebes aus der offenen Schale des Untersteines genommen werden. In größeren Bäckereien in Rom, das damals schon eine Millionenstadt war, arbeiteten zu gleicher Zeit mehrere Trichtermühlen, die eine Höhe bis zu zwei Metern hatten, mit Göpelbetrieb. Rom soll um diese Zeit rund dreihundertsechzig Getreidemühlen besessen haben, davon auch einige am Tiber mit Wasserkraftantrieb. Auch aus Pompeji ist uns die Ruine einer Bäckerei mit vier Trichtermühlen im Hof erhalten geblieben, die so nahe beieinanderstehen, daß man annehmen muß, daß sie von Sklaven gedreht wurden, die es sich einrichten mußten, daß sie sich beim Umgang gegenseitig nicht behinderten.

Das berühmt gewordene Grabmal des Bäckermeisters Eurysakes in Rom aus dem 1. Jahrhundert v. u. Z. zeigt mehrere Kornmüh-

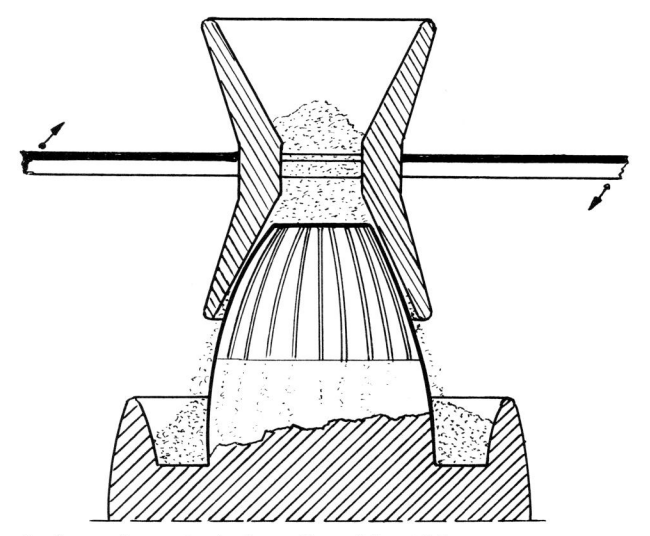

Aufbau einer römischen Getreidemühle, um 200 v. u. Z.

Trichtermühle mit einem Esel auf einem römischen Grabrelief, um 100 v. u. Z.

Grabmal des Bäckers Eurysakes in Rom, um 100 v. u. Z., mit mehreren Kornmühlen und Pferden.

len in Trichterform mit Pferden. Der Künstler mußte natürlich die Gruppe auf engstem Raum darstellen. In Wirklichkeit wurde der Abstand der Mühlen vom Göpelbaum bestimmt und dieser wiederum von der optimalen Umfangsgeschwindigkeit der Mahlsteine. Im Lauf von vielen Jahrhunderten wurde so ziemlich alles an mechanischen Möglichkeiten entworfen und ausprobiert. Jedes Mahlgut erforderte andere Methoden, verschiedene Mahlgeschwindigkeiten oder gar kinetische Reserven in Form von Schwungrädern, wenn es sich um ein Mahlgut handelte, das den Mahlgang kurzzeitig immer wieder abbremste. Mit der Zeit lernte man auch die Antriebsmechanik besser an die Körpereigenschaften der Tiere anzupassen und mit Übersetzungen die richtigen Drehzahlen zu ermöglichen.

Nach fünftausend Jahren wurde der Reibstein für eintausend Jahre von der Handmühle abgelöst, bis die Göpelmühle zweitausend Jahre lang die Mühlentechnik beherrschte. Wind- und Wasserkraft spielten immer nur eine lokale Rolle, bis sie ab etwa 1300 u. Z. für die Allgemeinversorgung die tragende Geltung übernahmen. Sie waren die einzigen Großmaschinen, die auch im Mittelalter systematisch weiterentwickelt wurden und in dieser Zeit einen relativ hohen Stand der Technik erreichten. Doch Windmühlen waren teuer und brauchbare Gewässer für einen Mühlenbetrieb nicht allzu häufig, so daß auch weiterhin die Versorgung den Menschen und Tieren oblag. An den Mühlen war kaum noch etwas zu verbessern. Die Grundprinzipien des Mahlganges, die Jahrtausende alt sind, gelten heute noch, wenn man von der metallurgischen Entwicklung und deren Folgen absieht. Im 15. Jahrhundert ging man daran, nach Wegen zu suchen, wie man den Menschen von der lästigen Kurbelbewegung der Arme, die so schnell ermüdeten, befreien könnte.

Ein Unbekannter zur Zeit der Hussitenkriege, also zu Beginn der Renaissance, kam auf den Gedanken, die Drehbewegung des Armes in einer Zugbewegung der Arme umzuwandeln, indem er einen Pleuelantrieb mit Schwungscheibe entwarf, der heute noch das Herz aller Verbrennungsmotoren ist.

Bei jedem Kurbelwellenantrieb mit Pleuelstangen ist eine Schwungmasse erforderlich, weil die Drehkraft am oberen und unteren Totpunkt an der Kurbel gleich Null ist. Es war damals klar, daß man die Schwungmasse als Rad formte, das ausreichte, um auch die Belastungsstöße von seiten der Mühle ohne große Drehzahlverluste zu überwinden.

Schon bald ergänzte Francesco di Giorgio-Martini aus Siena (1439 bis 1502) den Pleuelantrieb mit einem Fliehkraftregler. Giorgio war der Zeit entsprechend zugleich Ingenieur, Maler und Bildhauer. Ein Hauch davon könnte auch uns modernen Ingenieuren

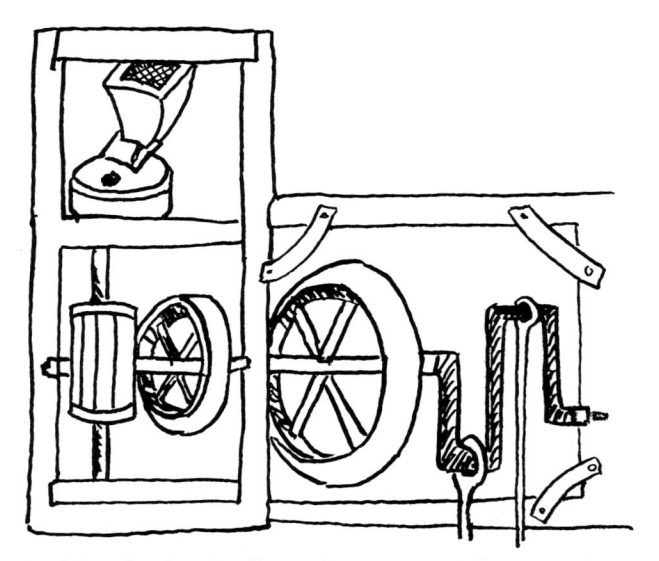

Mühle mit Pleuelwelle und -gestänge, Schwungrad und Getriebe nach einem Unbekannten, um 1430.

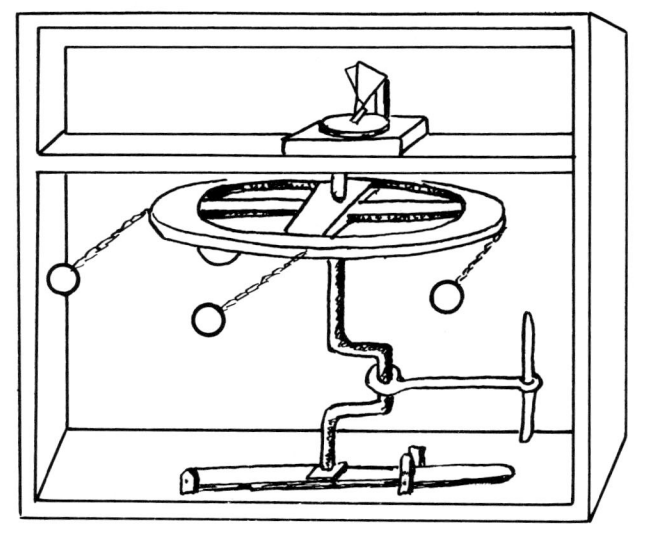

Mühle mit Pleuelantrieb und Fliehkraftregler nach Francesco di Giorgio, um 1475.

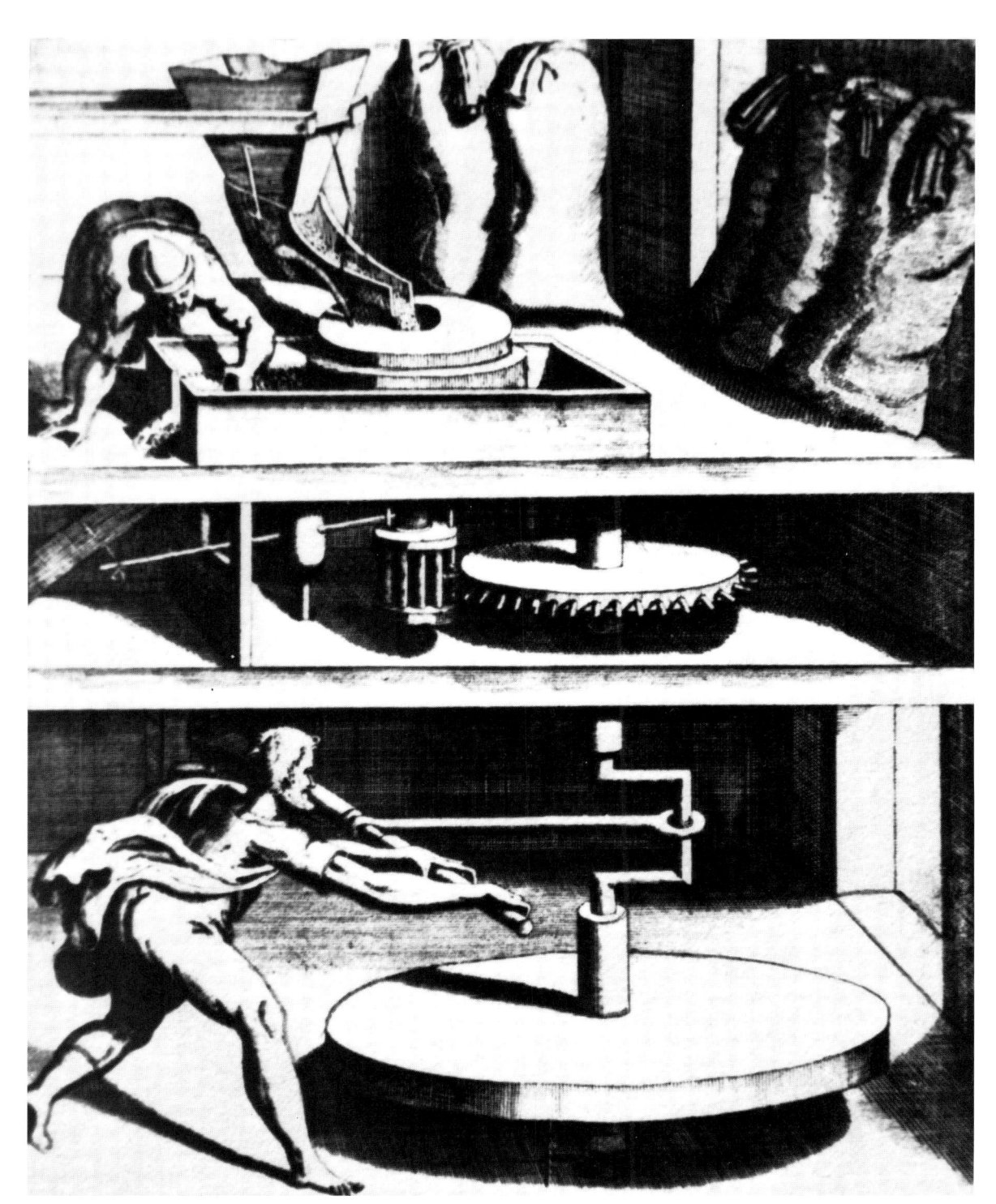

Mühle mit Pleuelantrieb und Schwungscheibe nach Jacopo de Strada, um 1618, aus „Künstlicher Abriß allerhand Wasser-, Wind-, Roß- und Handmühlen".

nicht schaden. In ganz jungen Jahren war er Schüler des hochrangigen Künstlers und Architekten Brunelleschi (1376 bis 1446). Giorgio hat uns ein Buch „Teatro di architectura civile e militare" hinterlassen, in dem auch eine Mühle mit Pleuelantrieb und mechanischem Fliehkraftregler enthalten ist. Der Fliehkraftregler funktioniert folgendermaßen: Die Fliehgewichte erhalten vom Antrieb her eine Geschwindigkeit, der ein bestimmter Abstand von der Achse entspricht. Verzögert sich infolge einer Abbremsung der Achse, z. B. durch eine schwerere Mühlenarbeit, die Umfangsgeschwindigkeit, so wandern die Fliehgewichte nach innen und übertragen ihren Energieüberschuß auf das Rad, das, wie bei der Pirouette beim Eislauf, die Raddrehzahl beschleunigt und so die Abbremsung aufhebt.

Auf einem Bild von Jacopo de Strada um 1618 sieht man geradezu die Energie und den Schwung des Mannes, wie er kräftig an der Pleuelstange zieht, bis das Schwungrad seine Betriebsdrehzahl hat. Zur Beschleunigung der Massen muß man zwar zunächst Energie einbringen, aber dann braucht man, von den Reibungsverlusten abgesehen, nur noch die Kraft für den Mahlvorgang aufzubringen. Nun, das Wörtchen „nur" hat es in sich. Das Mahlen von Körnern ist eine energiefressende Arbeit, die der Mann hier durch den Einsatz der ganzen Körperkräfte leistet. Mit der Kraft der Arme wäre diese Mühle kaum in Betrieb zu halten. Aber dafür erschöpft sich auch der ganze Körper in kurzer Zeit. Doch das Mahlen ist keine Kurzzeitarbeit. Und so war dieses System der Kraftübertragung in der Praxis kaum anzufinden, es sei denn bei kleinen Anlagen.

Noch nie konnte man verhindern, daß auch die friedvollste Technik, wie etwa das Mahlen von Getreide, für Kriegszwecke benutzt wird. Ja, die Kriegstechnik selbst ist Anlaß für die vielfältigsten Erfindungen, die letztlich dazu dienen, den zu vernichten, der irgendeinem Ziel im Wege steht. Doch bleiben wir bei der Muskelkrafttechnik. Jede Truppe muß dafür sorgen, daß sie im Feld in allen Dingen autark ist. Sie braucht deshalb auch Feldbäckereien und damit Mehl.

Weil Körner haltbarer sind als Mehl, führten die Soldaten Körner mit. Dafür brauchten sie transportable Feldmühlen, die einfach und leicht waren.

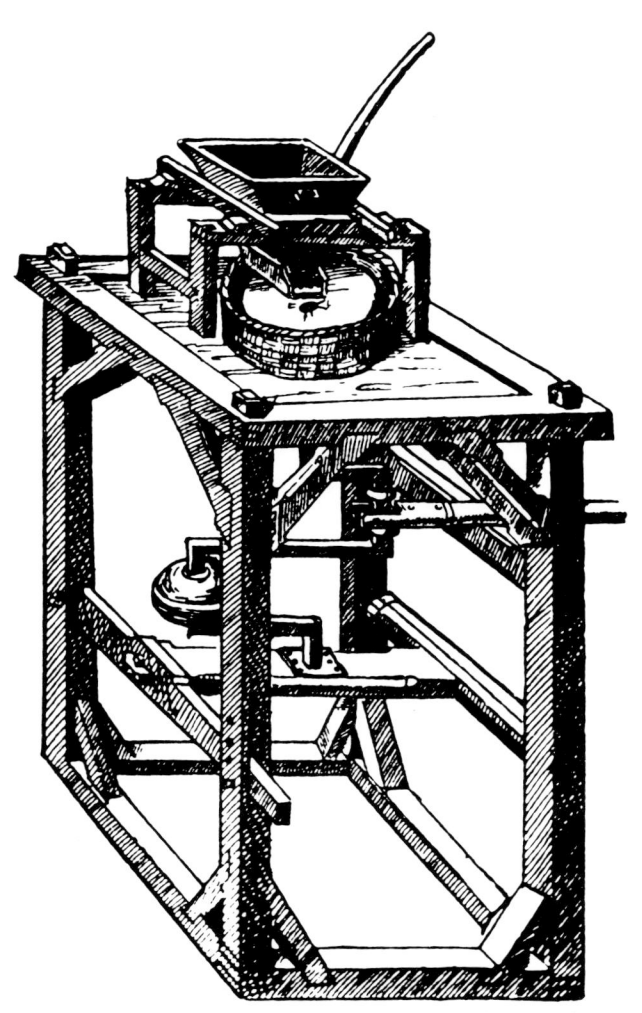

Transportable Feldmühle mit Gegengewicht aus einem mittelalterlichen Hausbuch, um 1480.

Diese frühe Feldmühle enthält bereits eine geniale Verbesserung des Pleuelantriebes, indem sie die Unwucht, die von der Pleuelstange eingebracht wird, durch ein gegenüberliegendes Gegengewicht ausgleicht. Ohne diesen Massenausgleich wäre heute z. B. kein Verbrennungsmotor im Kraftwagen verwendbar.

Der Durchmesser des Mahlsteines betrug etwa 35 Zentimeter. Der Stein konnte gerade von einem Mann betrieben werden, wenn er ständig abgelöst wurde. Um eine ganze Kompanie mit Brot zu versorgen, mußte die Mühle täglich 24 Stunden in Betrieb sein.

Agostino Ramelli kannte die Leistungsfähigkeit eines Menschen schon besser als der Unbekannte von 1480. Er entwarf in seinem Buch „Schatzkammer der mechanischen Künste" 1620 eine kleine Mühle für zwei Personen, denen eine Hebelübersetzung von etwa 2 : 1 zur Verfügung stand. Die beiden Soldaten mußten im Takt nacheinander an ihren Hebeln ziehen. Unter dem Pleuelsystem befinden sich auf einem Kreuz vier Schwunggewichte. Man hat also das Schwungrad in Einzelgewichte aufgeteilt, um wohl beim Transport kleinere Stückgewichte zu bekommen.

Auch im bäuerlichen Bereich waren größere Handmühlen bis in unser Jahrhundert täglich in Gebrauch. Im niedersächsischen Freiluftmuseum Cloppenburg steht noch eine größere Grützenmühle aus dem 19. Jahrhundert, wie sie auf vielen Höfen üblich war. Die Grütze war der Hauptbestandteil des Früh-

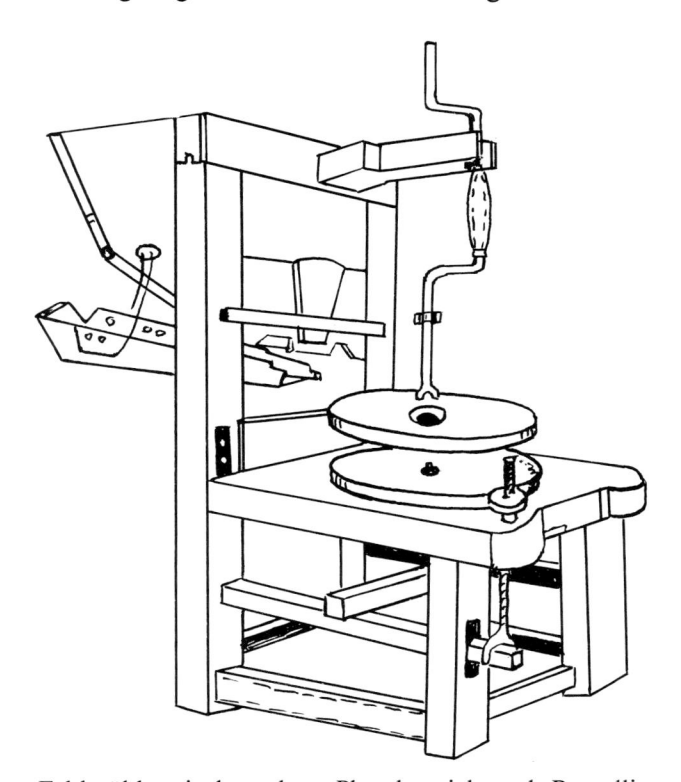

Feldmühle mit doppeltem Pleuelantrieb nach Ramelli, 1620.

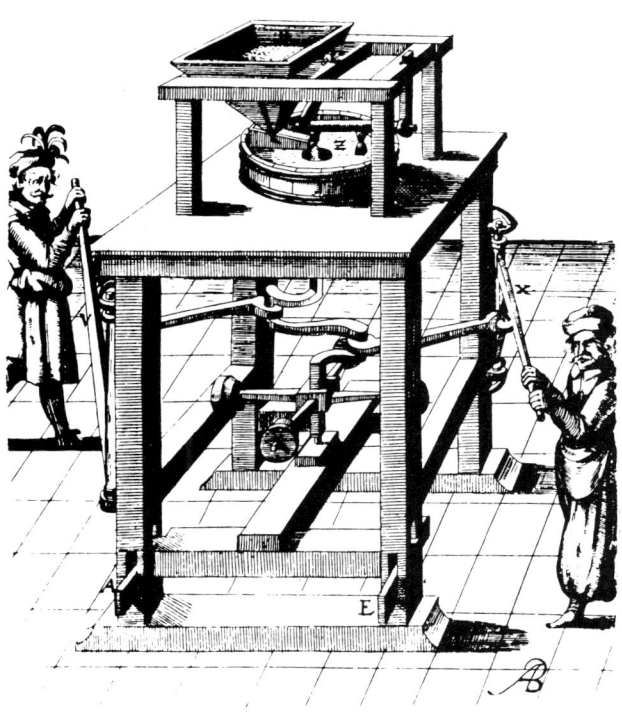

Grützenmühle mit Kurbelantrieb im Freiluftmuseum Cloppenburg.

stückes in Form eines Breies. Bei der Vielzahl des Personals war der Bedarf an gemahlener Grütze nicht gering. Die Menge wurde täglich mit der Grützenmühle über einen Handkurbelantrieb gemahlen. Das war keine leichte Arbeit, die Grützenmühle verdient deshalb, in die Reihe der Muskelkraftmaschinen aufgenommen zu werden. Der Handmühlenbetrieb war zum Teil auch juristisch bedingt. Größere Mühlen waren genehmigungs- und steuerpflichtig.

Das galt für alle Mühlen, ob sie von Wasser-, Wind- oder Tierkraft bewegt wurden. Nun, die Tierkraftnutzung geschah innerhalb des Hofes und ging niemanden etwas an, wenn der Staat großzügig war. Bei Wassermühlen war eine Genehmigung und Überwachung sinnvoll, und zwar nicht nur wegen alter Rechte der Wassernutzung und der Fischerei, sondern weil der Eingriff in ein Gewässer immer genau überdacht werden muß. Bei Windmühlen, die ab etwa 1100 u. Z. in zunehmendem Maß errichtet wurden, bestand eigentlich kein Grund für obrigkeitliche Genehmigungsverfahren. Aber Mühle ist Mühle, erklärte man und schloß die Tiermühle gleich ein. Es kommt ja kaum vor, daß eine einmal eingeführte Steuer aufgehoben wird, besonders, wenn sie einträglich ist. Es half auch nichts, als Papst Cölestin III. (1191 bis 1198) entschied, daß die Winde der Kirche gehöre und der Müller deshalb der Kirche gegenüber steuerpflichtig sei. Die Landesherren setzten sich darüber hinweg und stellten keine Forderungen an die Besitzer von Göpeln oder Treträdern, die von Haustieren bewegt wurden. Das aber hatte wiederum zur Folge, daß sich die muskelbetriebenen Mühlen bis in die zwanziger Jahre unseres Jahrhunderts auch in den europäischen Industriestaaten hielten, obgleich die Gewerbefreiheit in Frankreich 1789 und in Deutschland 1869

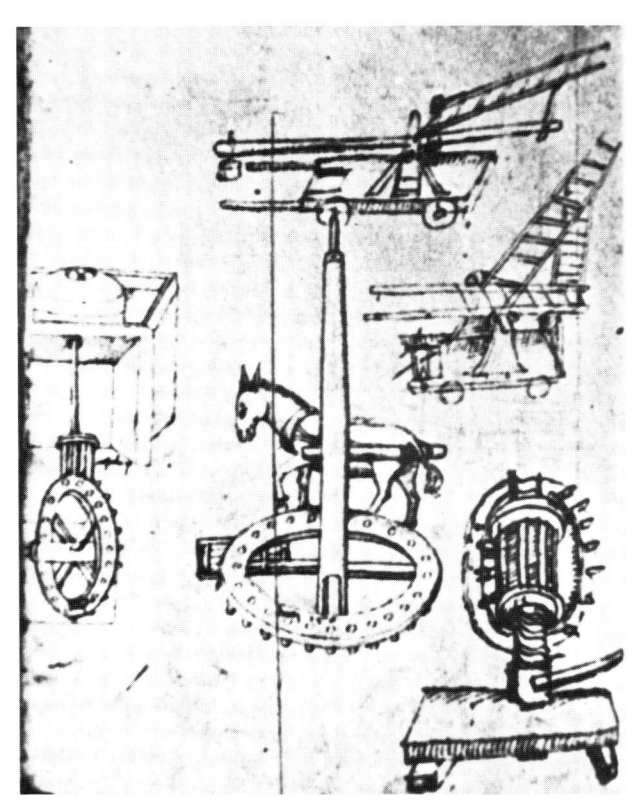

Göpel mit unterirdischem Antrieb nach Mariano, um 1438.

eingeführt wurde. Man war an die Göpel gewöhnt, und sie waren zuverlässig. So dauerte es mehrere Jahrzehnte, bis die Tiergöpel und die Treträder aus dem Betrieb kamen. Das Ende dieser Jahrtausende währenden Epoche beschloß rasch und schmerzlos die Elektrifizierung bis in die entlegenen Dörfer vor dem Zweiten Weltkrieg. Doch bis dahin waren die Muskelkraftmaschinen die einzige Energie, deren sich fast alle namhaften Ingenieure annahmen. Es galt im 15. Jahrhundert nicht nur die Treträder, sondern auch die Göpel zu modernisieren, denen alle Leistungsbereiche und Arbeitsgebiete anvertraut waren.

Mariano versuchte u. a., die Göpelanlagen besser in den Hofbereich einzubauen. Das

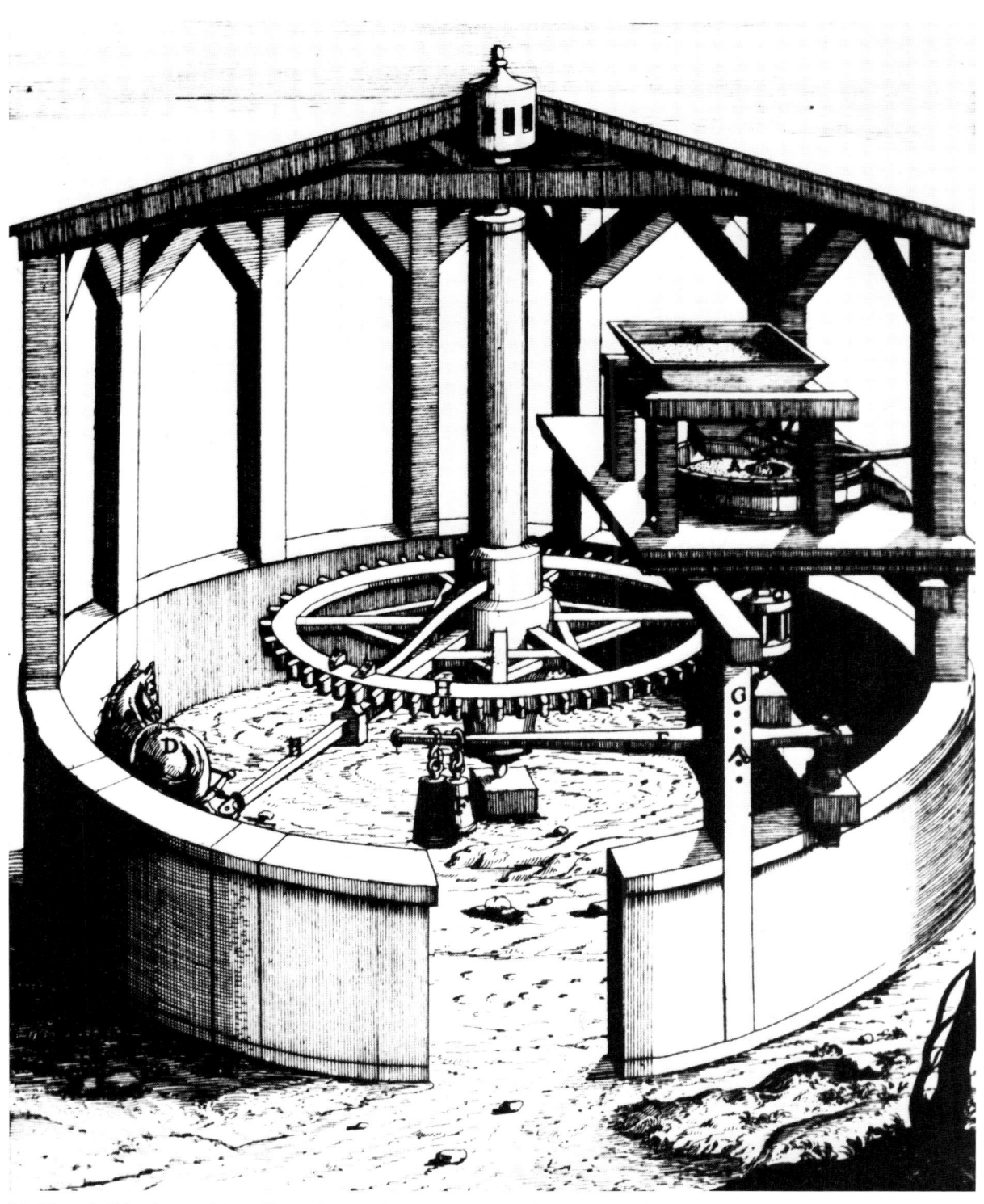

Mühle mit Pferdegöpel in offener Bauweise, um 1661, nach G. A. Böckler.

gelang ihm, indem er den Göpel mit den Tieren durch eine lange unterirdische Welle von den Stallungen und dem Wohnbereich absetzen konnte. Am Ende der Welle befanden sich ein hölzernes Kammrad und ein Holzritzel, das die Mühlsteine antrieb. Die Holzverzahnung war damals schon üblich und den vorhandenen Antriebsleistungen angemessen. Ihre Verschleißzeit lag bei zwanzig bis fünfundzwanzig Jahren. Gebrochene Zähne konnte jeder auswechseln. Mit der Wahl der Zahnzahl wurde die Drehzahl der Mahlsteine berechnet.

Das Blatt aus dem Cod. lat. 197 zeigt, daß Jacopo Mariano, genau wie später Leonardo da Vinci, noch über dem Entwurf einer Mühle saß, während er auf den Rand des Blattes andere Gedanken festhielt, hier ist es eine Skizze für eine Feuerwehrleiter mit Haspelantrieb.

Der technische Schriftsteller Georg Andreas Böckler aus Nürnberg trug viele Ideen von Ingenieuren auch seiner Zeit zusammen und erhielt damit Entwürfe, die ohne ihn zum Teil verlorengegangen wären. Er zeigt in seinem Buch „Schauplatz der mechanischen Künste" unter anderem eine Göpeleinrichtung in einer eigenen „Arena" unter Dach.

Die Vorlage dieses Bildes stammt von Ramelli und wurde etwas ausgeschmückt.

Ramelli hatte sich große Mühe gegeben, Beispiele für Mühlen mit Göpel- und Tretradantrieb zu entwerfen; denn die Anforderungen sind je nach Mühlenart und -größe recht verschieden. Für einen Weiler mit wenigen Familien mag ein Mühlenstein von etwa 50 bis 60 Zentimeter Durchmesser ausgereicht haben, der von einer Person mit einem Schrägrad bewältigt werden konnte. Die Tätigkeit auf einem Schrägrad entspricht etwa der eines Bergsteigers, wenn man in einer Stunde vielleicht 500 Höhenmeter hinter sich bringt. Unterstellt man der Person ein Gewicht von 70 Kilogramm, so ergibt das eine Dauerleistung von rund 100 Watt. Mehr hat ein Mensch auch nicht zur Verfügung. Er kann sie einige Stunden leisten. Ein Pferd mit einem Gewicht von 800 Kilogramm leistet normal 1,2 bis 2 Kilowatt. Das trifft sowohl für ein Tretrad mit waagerechter Achse als auch für ein Schrägrad zu. Die Bewegungsart ist dabei ähnlich. In jedem Fall muß man Stufe für Stufe ansteigen, ob der Boden ortsfest ist, wie am Berg, oder ob sich der Boden nach unten wegbewegt, wie bei den Treträdern aller Art, wobei der Körper der tretenden Person auf gleicher Höhe und am gleichen Ort bleibt.

Bei dem Schrägrad Ramellis ist dieses zugleich als Kammrad ausgebildet, das ein Holzritzel mit einer waagerechten Welle über eine weitere Übersetzung den Mahlstein bewegt, dessen Umfangsgeschwindigkeit durch die beiden Getriebe nach den Erfordernissen bestimmt wird. Das Korn wird in einen Trichter geschüttet. Das Mehl läuft über ein senkrecht angebrachtes Gerinne dem Mehlkasten zu.

Der Effekt ist natürlich der gleiche, wenn man das Schrägrad durch ein übliches Tretrad mit waagerechter Achse ersetzt. Das Tretrad hat jedoch den energetischen Vorteil, daß mehrere Personen im Rad eingesetzt werden können und daß die Person zum Beispiel beim Anlauf der Mühle aus dem Stillstand um einige Stufen höher im Rad aufsteigen kann, so daß mit dem ganzen Körpergewicht der Anlaufwiderstand der Anlage leichter überwunden wird. Zum besseren Einblick in das Rad ist die Verschalung zeichnerisch etwas unterbrochen. Das Tretrad mit zwei Personen macht es, wie Ramelli zeigt, möglich, gleich zwei Mühlen anzutreiben oder eine Mühle mit größeren Steinen.

Mühle mit Schrägradantrieb durch eine Person nach Ramelli, 1620.

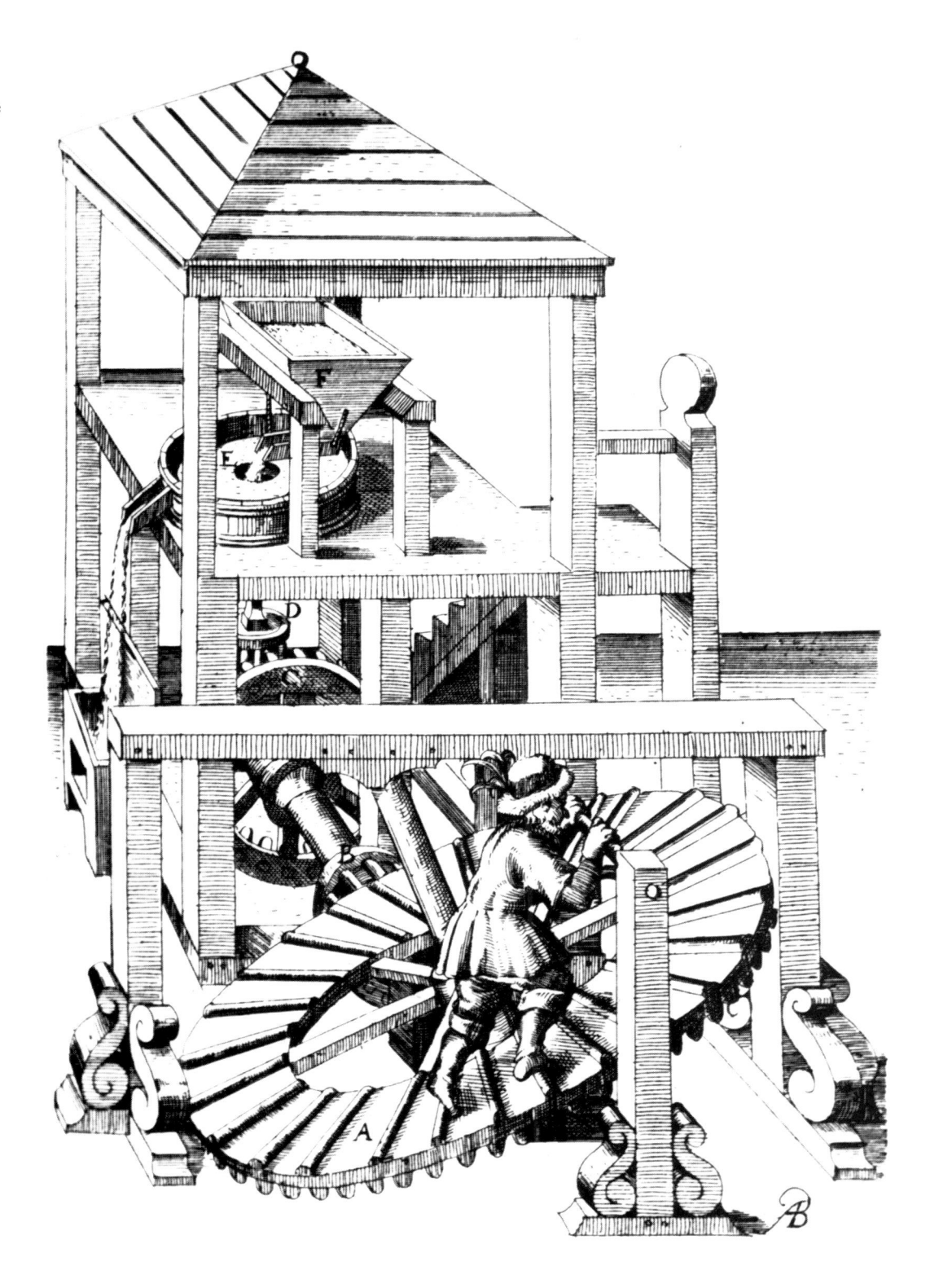

Die Arbeit in einem geschlossenen Tretrad galt im 17. Jahrhundert als ziemlich normal. Es war ein Arbeitsplatz wie jeder andere auch. Gleichwohl waren es Arbeitsverhältnisse, die nahe an der Grenze des menschlich Zumutbaren lagen. Doch damals war Schwerstarbeit oft der einzige Weg zum Überleben. Häufig überließ man diese Tätigkeit Strafgefangenen. Ramelli ging jedoch von normalen Arbeitskräften aus, wie die Ausstattung der Personen zeigt. Uns mag dieses „Leben im Tretrad" unmenschlich erscheinen, doch damals war die Muskelkraft die einzige verfügbare Energie, die dringend für das Leben zu vieler Menschen auf der Erde nötig war. Theoretisch läßt die Natur, um im Gleichgewicht zu bleiben, nur die Kraft der Individuen zu. Der Einsatz der fossilen Energien ist da schon ein Verstoß.

Aber auch damals ließ das Mitgefühl mit den Menschen im Tretrad den Technikern keine Ruhe. Sie suchten immer wieder nach Auswegen, um die Fron in der Maschine zu mildern oder zumindest zu verkürzen. Leider waren die Versuche nicht immer erfolgreich. Verstöße gegen physikalische Grundgesetze waren an der Tagesordnung.

Ramelli kam auf den Gedanken, ein Gewicht mittels eines Göpels mit mehreren Menschen hochzuziehen, um dann deren Lagenenergie wie bei einem Uhrwerk über längere Zeit zu nutzen und eine Mühle zu betreiben. Er konstruierte ein solches großes „Uhrwerk". Zwei Männer bedienten göpelartig eine Winde, deren Seil über zwei Flaschenzüge ein großes Gewicht anhoben. Darunter befand sich ein tiefer Schacht, um einen langen Arbeitsweg für das Gewicht zu schaffen. Wenn das Gewicht in der obersten Lage angekommen war, hob man die Rücklaufsperre auf, schaltete die Mühle zu, und so begann das Gewicht die Mühlsteine zu drehen, und die Menschen konnten sich ausruhen. Die Rechnung geht dabei aber leider nicht auf; denn wegen der vielen Reibungsverluste der Winde, des Seiles, des Getriebes, der Flaschenzüge und sämtlicher Lager mußte wesentlich mehr Energie in den Aufzug des Gewichtes eingebracht werden als beim Absenken des Gewichtes, das auch nicht ohne Verluste abgeht, frei wird.

Auch andere Entwürfe Ramellis ließen sich nicht realisieren.

Knapp zweihundert Jahre nach Mariano hatte Vittorio Zonca den Entwurf Marianos nochmals überarbeitet und sich vor allem mit dem Tretrad beschäftigt. Er verwendete wie Ramelli ein Schrägrad, das den Tieren besser entspricht. Zonca kannte sicher die Entwürfe Ramellis und bildete wie dieser die als bekannt vorausgesetzte Mühle unmaßstäblich klein ab; denn eine so kleine Mühle braucht keine zwei Ochsen zum Antrieb.

Innentretrad für zwei Personen für zwei Mahlgänge nach Ramelli, um 1620.

Entwurf Ramellis 1620, einen Mahlgang mittels eines Gewichtes über einen Göpelaufzug zu betreiben.

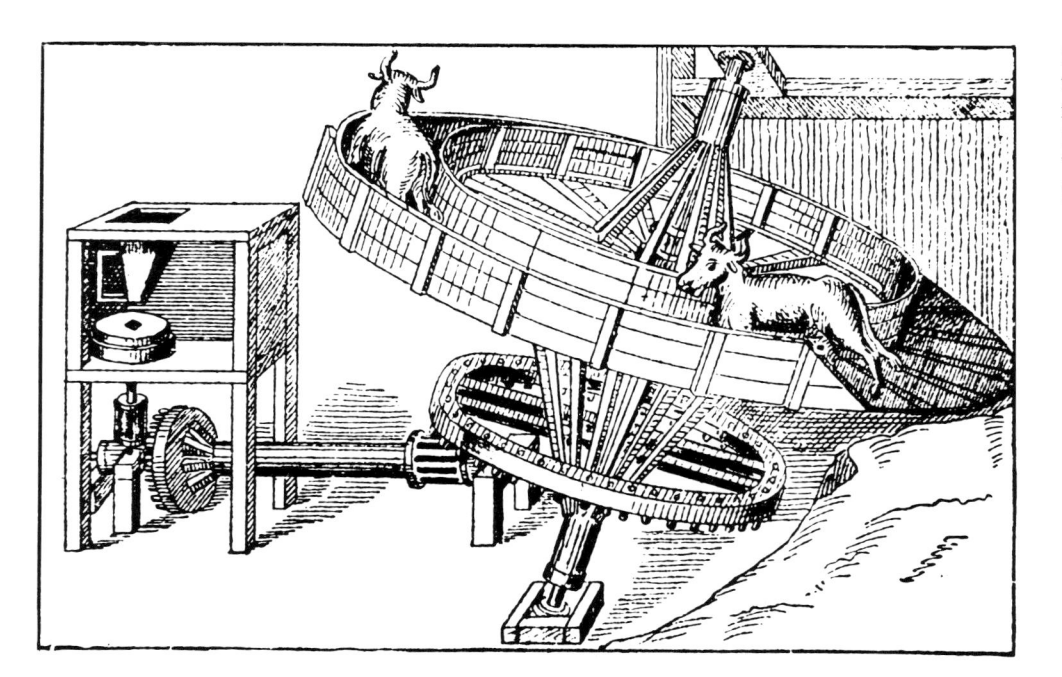

Mühle mit Schrägrad und zwei Ochsen nach Zonca, um 1607, aus „Novo Teatro di Machine et Edificii".

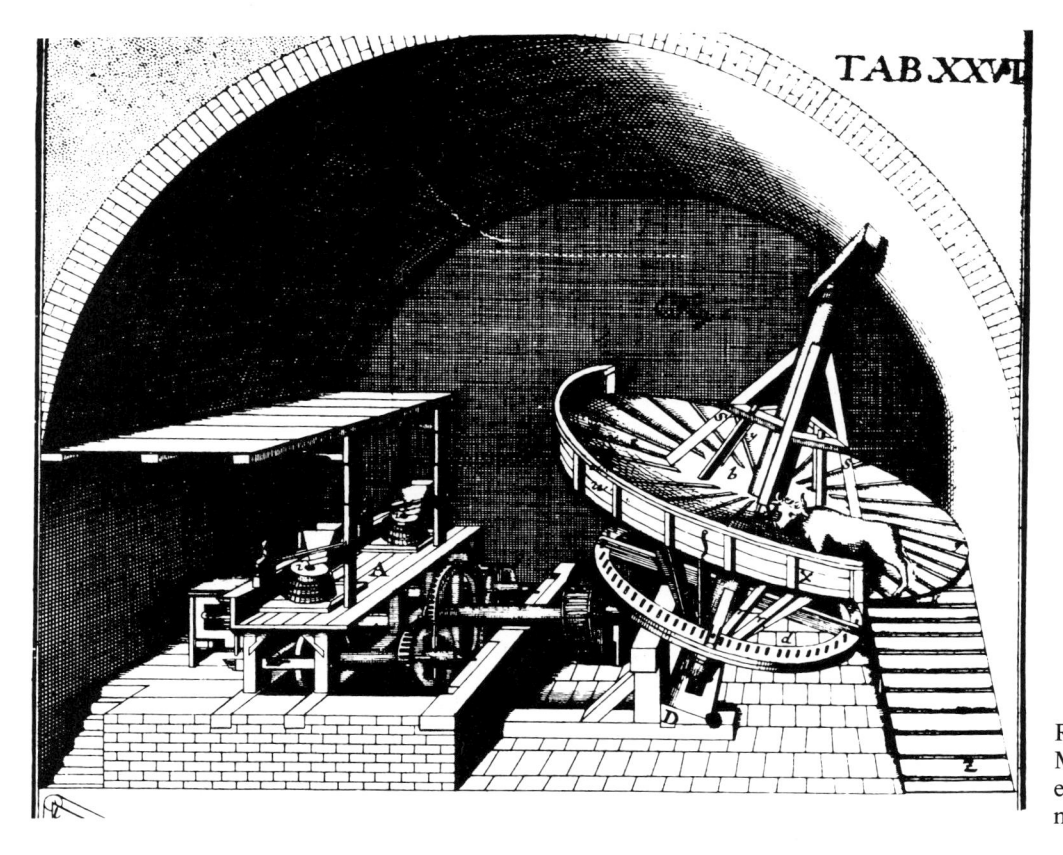

Roßmühle mit zwei Mahlgängen in einem Gewölbe nach Leupold, 1727.

Die Mühle wird durch eine tief gelegene oder unterirdische Welle angetrieben. Zwei Kammradgetriebe sorgen für die richtige Mühlendrehzahl. Die beiden Ochsen sind vom Kupferstecher an einer nicht gerade günstigen Stelle gezeichnet. Sie müßten etwa auf halber Höhe des Trerades gehen. Der obere Ochse auf dem Bild trägt an dieser Stelle kaum etwas zum Drehmoment bei. In der Praxis hatte man sie wohl mit einem Zügel an der richtigen Stelle an einem außenstehenden Mast angebunden. Warum sollte das Tier auch an einer Stelle gehen, wo es sich ständig plagen muß, während es am oberen Totpunkt der Scheibe sozusagen spazierengehen kann?

Dreihundert Jahre waren seit den Entwürfen Marianos und hundert Jahre seit denen Ramellis und Zoncas vergangen, und die Treträder und Schrägräder wurden auf dem Lande immer noch gern eingesetzt. Sehr viel war an ihnen nicht zu verbessern. Der Praktiker Jakob Leupold (1674 bis 1727), er war Maschinenbauer und Mechaniker in Leipzig, gab in den Jahren 1724 bis 1727 sein achtbändiges Werk „Theatrum machinarium" heraus, darunter sein Buch „Molinarium", auch „Schauplatz der Mühlenbaukunst" genannt. Unter

Diorama eines Ochsentretrades aus Italien, um 1600.

seinen fünfhundertfünfzehn Kupferstichen befindet sich auch eine Roßmühle, die jedoch auf dem Bild von Ochsen betrieben wird.

Den Durchmesser des Tretrades gibt Leupold mit sechzehn Ellen, etwa neun Meter, an. Die Anlage war gut durchdacht, berechnet und beschrieben. Als weithin berühmter Techniker hatte auch er das Buch seinem Landesherren Karl IV. gewidmet, was sich natürlich auf die Qualität der Bilder auswirkte. Leupold machte in seinem Werk klar darauf aufmerksam, daß es sich nicht um ein Bilderbuch, sondern um ein praktisches Werk der Technik handelt. Die Bilder sind so deutlich gezeichnet, daß man danach bauen konnte und es auch tat. Das Gewölbe war wohl eine Idee des Kupferstechers. Wie die Anlage sich in der Natur ausnahm, zeigt uns ein Diorama des Deutschen Museums in München.

Aus den vergangenen Jahrhunderten sind uns zwar viele Bilder erhalten geblieben, doch die Künstler aller Zeiten stellten leider fast nie die Arbeit der Menschen oder gar ihre technischen Hilfsmittel dar. Sie waren zu alltäglich. Die Käufer der Bilder waren fast ausschließlich Repräsentanten von Staat, Kirche und des Handels. Dementsprechend zeigen die Bilder zwischen dem 15. und 19. Jahrhundert vorwiegend religiöse Szenen, Schlachtengetümmel, mythologische Sinnbilder oder Portraits. Der Alltag gehörte vielfach nicht dazu. Die Seefahrt und die Windmühlen bildeten eine glückliche Ausnahme in den vergangenen Jahrhunderten, denn sie waren ein Teil des Lebens.

Selbst in unseren großen Lexika finden wir kaum noch Worte wie Göpel oder Tretrad, die einst so wichtig waren wie die heutigen Kraft- und Arbeitsmaschinen. Diderot mach-

Roßmühle mit vier Pferden und zwei obenliegenden Abgängen zu Mahlgängen nach Diderot, um 1763.

te in seiner Enzyklopädie aus dem Jahr 1763 die wünschenswerte Ausnahme. Er zeigte unter anderem eine Roßmühle mit vier Pferden in einem Göpelraum mit einem unter der Decke liegenden großen Kammrad, das über zwei Ritzel Mühlen im oberen Stock betreiben.

Leupold hat für den Bedarf von größeren Handmühlen in der Landwirtschaft einen genauen Plan entworfen, der maßstäblich so beschrieben war, daß jeder Zimmermann oder Mühlenbauer danach die Anlage herstellen konnte. Das Handwerk des Mühlenbauers ist in seiner Vielfalt wohl das älteste Handwerk zur Herstellung ganzer Maschinen. Uns ist über einen gefangenen persischen Mühlenbauer Firus überliefert, daß er in der Medina den Kalifen Omar I. auf offener Straße ermordete, weil dieser ihm täglich zwei Silberstücke ungerechtfertigt vom Lohn abzog. Seiner wilden Unbeherrschtheit verdanken wir die interessante Kunde über einen Berufsstand aus dem Jahr 644 u. Z.

Die Mühle ohne den Mehlkasten hat die Maße von 1,5 Meter Länge, 1 Meter Breite und 1,2 Meter Höhe. Auch sie war wohl für langzeitlichen Betrieb gedacht und kann nicht als Handmühle in unserem heutigen Sinn angesprochen werden. Es war schwere Arbeit und eine echte Muskelkraftmaschine. Diese Mühlen wurden auch auf einem Heuwagen mit auf das Feld genommen und oft nachgebaut. Das allein deutet schon auf eine tagesfüllende Arbeit hin.

Neben berufenen Ingenieuren gab es zu allen Zeiten auch interessierte und begabte Laien, deren unbeschwerte Phantasie nicht selten brauchbare Erfindungen zuwege brachte. Im 15. und 16. Jahrhundert waren auch Geistliche darunter, was für die Ingenieure damals sehr hilfreich sein konnte; denn wenn Geistliche sich mit der Technik befaßten, konnte

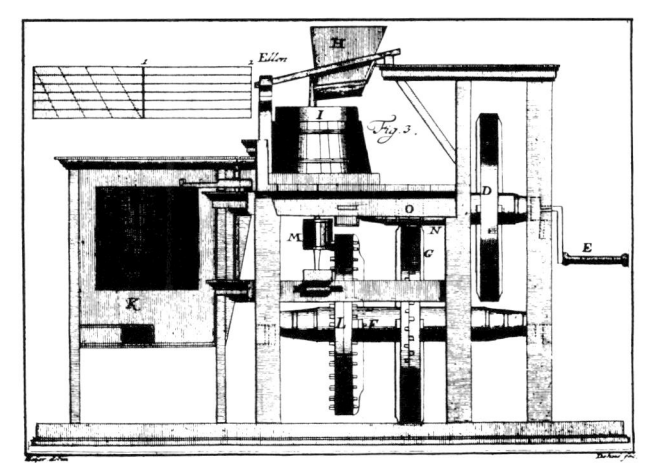

Große Handmühle für eine oder zwei Personen mit Kurbel von Leupold aus dem Molinarium um 1627.

nur schwerlich der Vorwurf erhoben werden, daß die technischen Erfindungen nur durch einen Pakt mit dem Teufel möglich seien. Denken wir daran, daß die letzte Hexe für eine weit geringere Schuld auf den Scheiterhaufen gezerrt und verbrannt wurde. So lange ist das also noch gar nicht her. Bis ins 19. Jahrhundert galt Enthusiasmus in Form einer religiösen Schwärmerei und auch der Enthusiasmus mechanicus als todeswürdige Sünde, die allerdings nicht mehr mit Folter verfolgt wurde.

Der jugoslawische Diplomat und Sprachforscher Fausto Verancic (1551 bis 1617) wurde 1598 zum Bischof in Ungarn ernannt. Im Jahr 1616 gab er in Venedig, wo er die letzten Jahre lebte und sich Veranzio nannte, sein Buch „Machinae novae" in vier Sprachen heraus. Das Buch verfügte über neunundvierzig Kupferstiche, darunter auch eine Abbildung der mola asinaria, einer Eselmühle.

Veranzio war Geistlicher und nicht Ingenieur und unterlag so nicht der Versuchung, eine schöne Szenerie aufzubauen. Er beschränkte sich auf das Notwendige. Durch die Wahl ei-

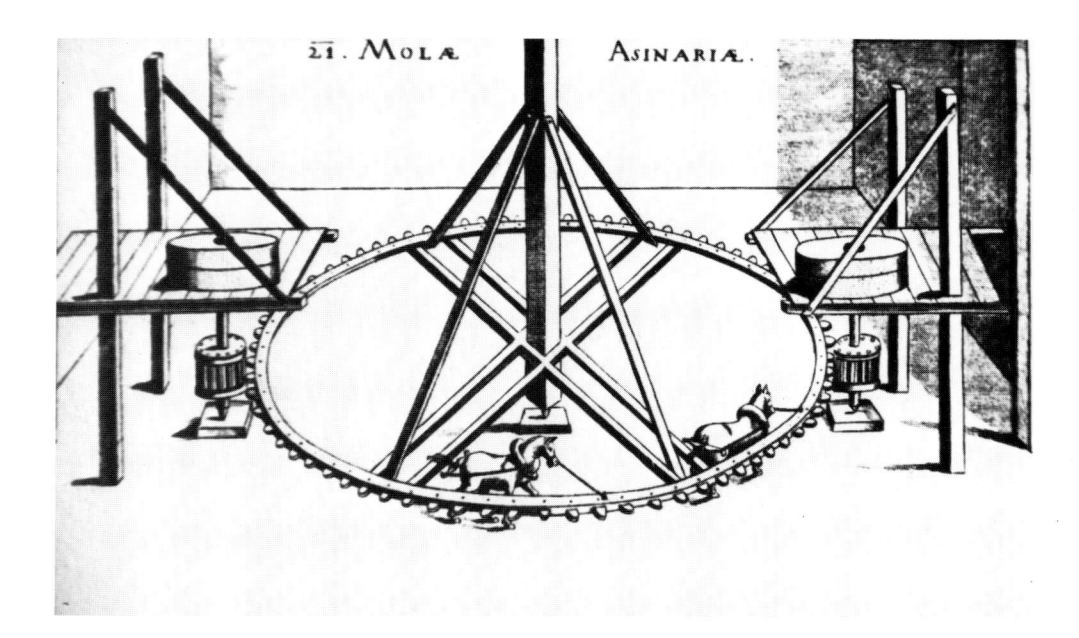

Veranzios Doppelmühle mit zwei Pferden anstelle von Eseln, 1617.

nes so großen Kammrades war es möglich, mehrere Tiere einzuspannen und langsam gehen zu lassen, da die Übersetzung zur Mühle sehr groß war. Die Esel oder Pferde gingen innerhalb des Rades. Das ist nur möglich, wenn das Kammrad knapp über dem Boden angebracht ist. Dann ist es auch notwendig, weil außen die beiden Ritzel im Weg wären. Die Mühlengröße ist nicht maßstäblich gezeichnet; denn ihr Aufbau war ja jedem bekannt.

Zum Ende des 18. Jahrhunderts hatten die Roßmühlen in Europa ihre endgültige Form erreicht, wie sie Diderot in seinem Lexikon

Giebelrelief in Gent/Holland, 19. Jahrhundert.

abbildete oder wie sie uns als Giebelrelief in Gent aus dem vorigen Jahrhundert erhalten geblieben ist.

Es ist das Verdienst der Freiluftmuseen, uns die Lebensbereiche unserer Vorfahren im Original noch zeigen zu können. Bei den Besuchen solcher Museen sind wir immer überrascht, mit welch hohem Verständnis für das Material und die genaue Anpassung an die menschlichen und tierischen Bewegungen die Anlagen ausgeführt wurden. Eintausend Jahre Gedankenarbeit haben das Holz zum vielseitigsten Baustoff werden lassen, mit dem alle Kräfte und Formen zu bewältigen waren. Diese Kenntnisse sind uns weitgehend verlorengegangen. Unsere Stähle und Kunstfaserstoffe vermögen in vielem, was die Elastizität und den leisen und schonenden Betrieb betrifft, weniger als das Holz. Windräder mit einem Raddurchmesser von dreißig Metern und Leistungen bis etwa vierzig Kilowatt waren vor zweihundert Jahren keine Seltenheit, wo wir mit unseren Werkstoffen und Kenntnissen unsere Schwierigkeiten haben.

Obwohl die Göpel- und Roßmühlen auch in Deutschland bis ins 20. Jahrhundert betrieben wurden, sind nur ganz wenige Exemplare erhalten geblieben. Sie standen nur noch im Wege, als der Stromanschluß jedes Dorf erreicht hatte. Der Fortschritt löste umgehend jede Beziehung zu den alten Geräten, die uns jahrhundertelang das Leben möglich machten.

Es war ein Glücksfall, noch einige wenige größere Muskelkraftmaschinen, wie Roßmühlen, soweit erhalten zu finden, daß sie wieder betriebsfähig instandgesetzt werden konnten. Eine komplette Roßmühle steht im Museumsdorf Cloppenburg in Niedersachsen.

Es handelt sich dabei um die Roßmühle des Hofes Wulfert aus dem Jahr 1868, die von dem Mühlenbauer Abeln errechnet und gebaut wurde. Mit dem Göpelantrieb wurde so-

Roßmühle mit Pferdegöpel des Hofes Wulfert um 1868 im Freiluftmuseum Cloppenburg.

wohl eine Dreschmaschine als auch eine Schrotmühle betreiben. Der Durchmesser des Kammrades beträgt etwa sechs Meter. Das Holzgetriebe hatte eine Untersetzung von 1 : 284. Das Besondere an dieser Roßmühle war, daß die Pferde rechts- und linksherum gehen konnten, so daß man die Dreschmaschine, die nicht ganzjährig an einem Ort stehenblieb, in jeder Richtung aufstellen konnte. Der Mühlenbaumeister Abeln hatte in der Zeit von 1850 bis 1890 viele solcher Roßmühlen gebaut und aufgestellt.

Auch in Holland waren die Roßmühlen schon mehr oder weniger standardisiert. Die Pferdegöpel trieben meist mehrere Mahlwerke einzeln oder gemeinsam an. Das folgende Bild stellt eine holländische Roßmühle mit zwei Kornmahlgängen und einer Ölmühle dar. Im Erdgeschoß befand sich der Göpel, und im Obergeschoß waren die Mühlen aufgestellt, wobei das Kammrad auf der Göpelwelle ganz oben angebracht war. Von dort aus wurde die Antriebsenergie über die Ritzel nach unten den Mühlen zugeführt.

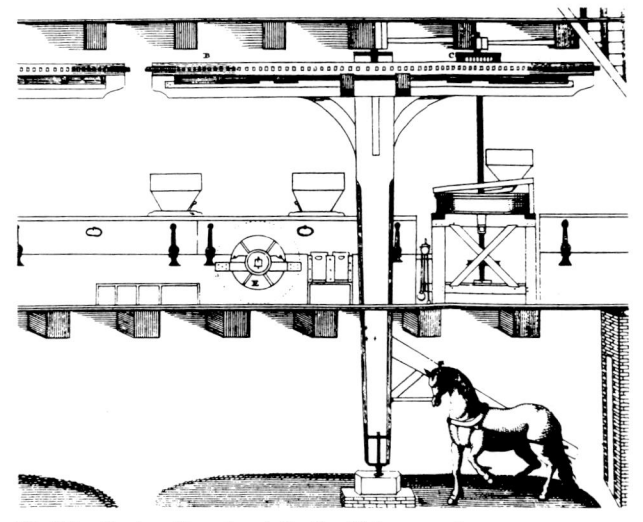

Holländische Standard-Roßmühle aus dem 19. Jahrhundert.

Trotz aller Brauchbarkeit der Holzbauweise ließ sich das Stahlgetriebe für die Göpel im 19. Jahrhundert nicht mehr aufhalten. Es war billiger, wesentlich kleiner und konnte zur sofortigen Lieferung bestellt werden. Und vor allem war es überall ohne Umbauten leicht unterzubringen. Damit vermehrte sich im vorigen Jahrhundert noch einmal sprunghaft die Anzahl der Göpel auf dem Land. Niemand ahnte, daß die ganze Göpelwirtschaft nach einigen Jahrzehnten völlig überholt war. Der Elektromotor machte sie überflüssig, was die Dampfmaschine nicht fertigbrachte; denn sie war zu teuer und bedurfte einer guten Wartung.

Inzwischen hatten sich aber in den letzten Jahrhunderten auch schon spezielle Mühlenhäuser mit Außengöpel vielfach durchgesetzt, die man neben das Bauernhaus setzte. Damit wurde die Scheuer für die Lagerung von Stroh und Heu frei. Die Form der Mühlenhäuser wurde im 16. Jahrhundert auf Anhieb so günstig gefunden, daß sie kaum noch verändert werden mußte.

An der westflämischen Küste war dieser Typ des Mühlenhauses rund vierhundert Jahre zuhause, von denen noch mehrere stehen und einige gelegentlich wieder in Betrieb genommen werden. Wie zahlreich diese Mühlenhäuser mit Außengöpel waren, sagt uns ein Bericht des Freilichtmuseums Bokrjik in Belgien 1976, der entlang einer kurzen Küstenstrecke noch vierzig zum Teil renovierte Mühlenhäuser nachweist. Meist handelt es sich dabei um achteckige Fachwerkhäuser mit Reetdächern, aus deren Dachspitzen die Getriebe- oder Mühlenwelle herausragten. Ein kleines drehbares Dach verhindert das Eindringen von Wasser entlang der Welle in das Haus.

Diese Göpelmühlenhäuser dürften im 18. und 19. Jahrhundert so häufig gewesen sein

Mühlenhaus mit Außengöpel des Klosters der Grauen Brüder auf einer Karte um 1564.

Mühlenhaus Stalhille in Belgien mit Göpelbaum im Freiluftmuseum Bokrjik.

wie die Windmühlen, die an den Küsten eine Dichte bis zu einer Mühle je Quadratkilometer erreichten. Einige Mühlen von vielen, die noch stehen, seien herausgegriffen.

Die Mühle war bis 1914 im Göpelbetrieb eingesetzt. Dann wurden die Pferde wie in allen Ländern Europas zum Kriegsdienst eingezogen, um Kanonen zu ziehen.

Die Mühlsteine in diesen Häusern hatten in der Regel einen Durchmesser von einem Meter. Der Oberstein war 16 Zentimeter dick und der Unterstein meist 19 Zentimeter. Die tägliche Mahlgutmenge betrug rund 300 Kilogramm. Der Hausdurchmesser lag bei 6,5 Metern, die Innenhöhe bei 2,3 Metern. Im Innenraum waren das Holzgetriebe, die Mühlsteine, ein Sackaufzug und die Tagesmenge an Korn untergebracht. Es ging recht eng zu. Gemahlen wurde so ziemlich alles, neben jeglicher Art von Getreide und Ölfrüchten auch Röststoffe wie geröstete Gerste als Kaffeemehl oder geröstete Zichorie, die Wurzel einer Wegwarte-Art, als Kaffee-Ersatz oder als Streckmittel für den teuren echten Bohnenkaffee. Eine solche Zichorienmühle steht heute im Mühlenhof-Freilichtmuseum in Münster. Sie wurde vor zweihundert Jahren gebaut und von Pferden oder Ochsen angetrieben. Das Kammrad hat einen Durchmesser von 5,75 Metern. Der Göpelbaum fehlt.

Bis 1976 konnte man ein Mühlenhaus mit Pferdegöpel in Belgien noch in Betrieb bewundern. Eigentlich könnte der Betrieb solcher Mühlen für den Eigenbedarf in der Landwirtschaft, wenn die Mühle noch betriebsfähig ist und Zugvieh vorhanden ist, immer noch wirtschaftlich sein. Doch würde

Einfaches Holzmühlenhaus mit Pferdegöpel, das bis 1976 in Belgien noch in Betrieb war.

dann der Betreiber noch für voll genommen werden?

Die Göpelmühlen waren vor dem 20. Jahrhundert so selbstverständlich, daß die Idee von den Auswanderern nach Amerika und in andere Kontinente, sobald sich die Möglichkeit ergab, wieder verwirklicht wurde. Nachdem die Seßhaftigkeit der Einwanderer in den ersten Jahrzehnten nicht unbedingt gewährleistet war, investierte man natürlich nicht sehr viel in die Mühlen. Es war nur wichtig, daß man überhaupt zu Mehl kam. Nur die wenigen befestigten Orte erhielten Windmühlen. Sie standen bei allen Festungen oder Großsiedlungen wie Neu-Amsterdam (New York) bereits um 1621. Aber im großen, weiten Land mußte jeder für sich selbst sorgen, und dort stand nur die Muskelkraft zur Verfügung, bis die sogenannte amerikanische Windmühle 1876 von Halladay erfunden wurde, von der es nach wenigen Jahrzehnten über fünf Millionen in ganz Nordamerika gab. Bis dahin mußte von Hand oder mit dem Göpel Wasser geschöpft und gemahlen werden.

Der Baustoff für die Göpel war auch in den USA zunächst Holz und das Werkzeug die Axt. Und die Pläne hatte man im Kopf.

Die Herstellung der Göpelmühle war verblüffend einfach. Man setzte die Mühle auf Räder, die nicht nur die Mühle trugen, sondern auch antrieben. Ein Pferd fuhr das Ganze im Kreis herum. Mußte man weiterziehen, lud man die Mühle einfach auf einen Planwagen. Die größeren Holzkonstruktionen ließ man liegen.

Kehren wir nochmals in die Städte Europas zurück. Seitdem es Windmühlen gab – und

Pferdegöpel mit Mühle aus der Besiedlungszeit Nordamerikas Mitte des 19. Jahrhunderts.

das war in ausreichender Zahl seit dem 16. Jahrhundert der Fall – war die Versorgung der Stadtbevölkerung mit Mehl sichergestellt. Das traf aber für einige geschlossene Bereiche wie zum Beispiel für die Strafanstalten nicht unbedingt zu. Außerdem wollte man die Sträflinge auch sinnvoll beschäftigen und sie, wo nötig, wieder an die Arbeit, und zwar harte Arbeit, wie sie der freie Bürger ja auch notgedrungen leisten mußte, gewöhnen. Die Anschauung, daß die Leistung, die der Unbescholtene erbringen muß, dem Sträfling auf alle Fälle abverlangt werden kann, war zu allen Zeiten recht und billig und heilsam im besten Sinn des Wortes.

Als Fausto Veranzio 1616 sein großes Außentretrad für drei Personen entwarf, geschah dies für den allgemeinen Gebrauch, um die Energie an den sich stets steigenden Bedarf der Nahrung, der in den Städten schneller wuchs als auf dem Land, anzupassen. Harte Arbeit war selbstverständlich. Kaum jemand arbeitete weniger als zwölf Stunden am Tag, ob es sich um eine Hausfrau, einen Arbeiter oder sonst jemanden handelte. Nur, wenn man das in Betracht zieht, versteht man die Anforderungen auch im Tretrad. Man kann nicht mit den heutigen Augen andere Zeiten messen. Die Menschen taten, was sie konnten und was sie mußten, um leben zu können.

Aus welchem Grund man vom Innentretrad auf das Außentretrad übergegangen ist, kann nicht sicher beurteilt werden. Die Arbeit im geschlossenen Rad war auf alle Fälle bedrückender, aber im Winter angenehmer. Außerdem wurde man nicht von jedem gesehen. Wenn es sich um Sträflinge handelte, konnten sie aus dem Innenrad schwerer ausbrechen. Wenn sich das Tretrad jedoch in einem geschlossenen Raum befand, konnte das Tretpersonal besser außerhalb des Rades beobachtet werden.

Nach fünfundvierzig Jahren wurde die Mainzer Tretmühle wieder stillgelegt. Die Gründe

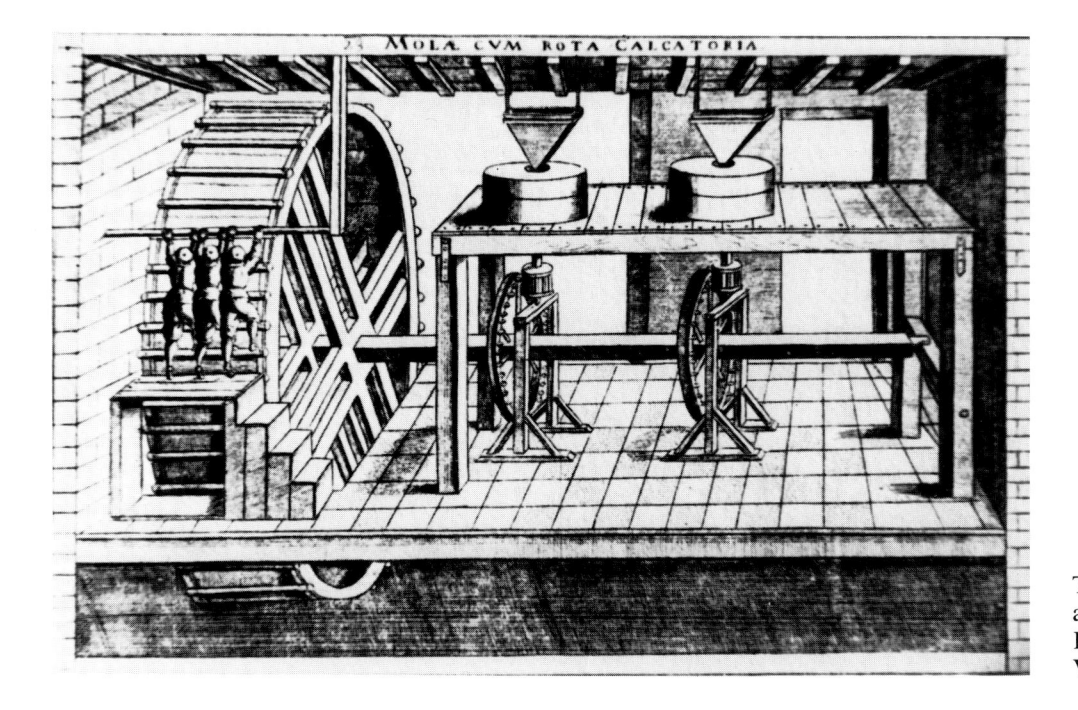

Tretrad mit Außenantrieb durch drei Personen nach Veranzio, um 1616.

Tretmühle im Zuchthaus zu Mainz aus dem Jahr 1743.

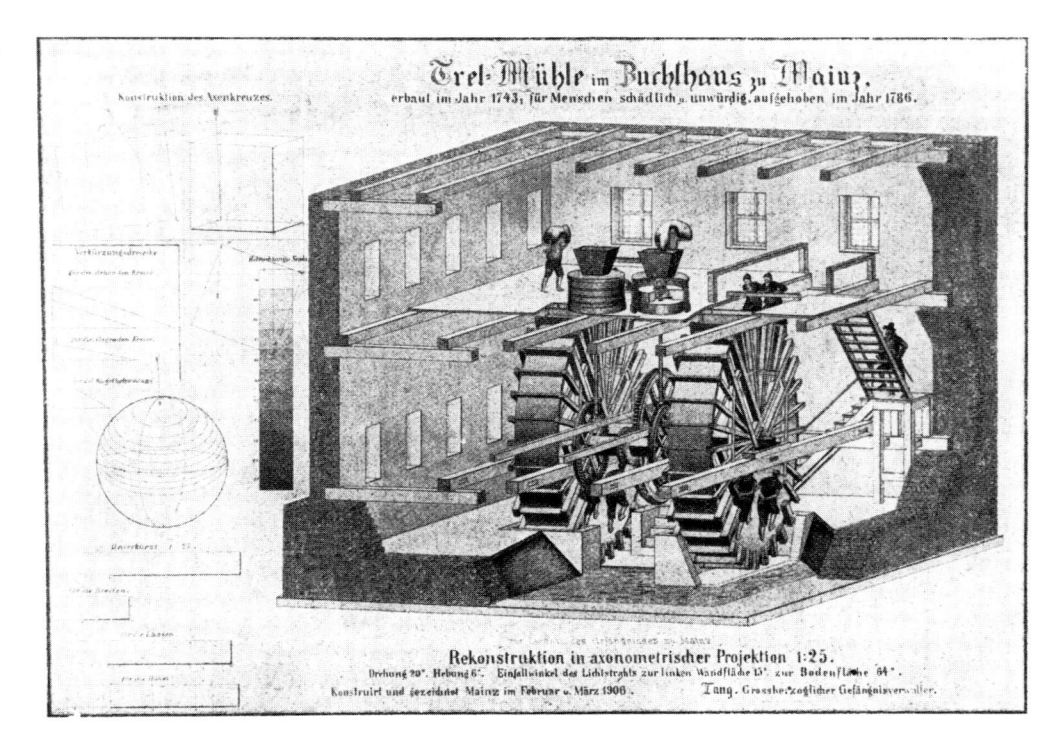

dafür sind nicht bekannt. Wahrscheinlich konnte das Mehl günstiger von außen bezogen werden; denn das Tretrad selbst war noch zeitgemäß.

Während ihrer Schwerarbeit sangen die Menschen meist in ständig sich wiederholenden Rhythmen und Texten. Das Lied war nicht Ausdruck der Lebensfreude, sondern mehr ein Betäubungsmittel. Oft hatte der Gesang als einzige Strophe den Segen für den Herrn zum Inhalt, und das vom Morgengrauen bis in die Nacht. Der eintönige Gesang überspielte die Schmerzen der Muskeln. Es waren keine Kunstlieder, wie oft vermutet wurde. Deren Zeit fiel in das 17. bis 19. Jahrhundert und verstummte mit der Massentechnik und dem damit aufkommenden Wohlstand wieder. Der Preis für das gute Leben war leider immer die Verflachung der Kultur. Die Zeit der Romantik war die Epoche des Handwerks und der Familienbetriebe. Es ist eine entmutigende Erkenntnis, daß man Wohlfahrt und Kultur nicht gleichzeitig haben kann.

Wenn man den Kupferstich von Jan van Straet, genannt Stradano (1536 bis 1605), mit aller Ruhe betrachtet, mag einem wohl eine Ahnung von der Harmonie der Arbeit und der Lebensfülle überkommen, wenn nur die Schwerstarbeit von den Menschen genommen ist, die zum großen Teil damals von den Windmühlen abgenommen wurde. Als Kontrast und Verheißung der Befreiung von der unsäglichen Plage möge das Bild von Stradano dienen.

Die Befreiung ging natürlich nur ganz langsam vor sich. Insgesamt dauerte es über zwei Jahrtausende, bis Mann und Frau aus der Mühlenqual entlassen werden konnten. Vor allem das Bild der Frau im Mühlengöpel war unerträglich. Selbst die Sklavinnen der Antike rührten die Menschen jener Zeit.

Jan van Straet, Windmühlen um 1600.

Im 1. Jahrhundert v. u. Z. gab der römische Dichter und Historiker griechischer Abkunft, Antipater, seiner Freude über die Entlastung der Sklavinnen mit einem Gedicht Ausdruck: Die Befreiung der Menschen und der Haustiere aus einer lebenslangen, unvorstellbaren Plage nur für die dringendsten Bedürfnisse ist die wohl bedeutendste Rechtfertigung der Technik, für die wir allerdings einen hohen Preis zahlen.

> „Lasset die Hände nun ruhn, ihr mahlenden Mädchen und schlafet lang;
> Der Morgenhahn störe den Schlummer Euch nicht.
> Ceres hat Eure Mühe den Nymphen künftig empfohlen,
> hüpfend stürzen sie sich über das rollende Rad,
> das mit vielen Speichen um seine Achse sich wälzend
> mahlender Steine vier schwere zermalmende treibt.
> Jetzt genießen wir wieder der alten goldenen Zeiten,
> essen der Göttin Frucht ohne belastende Müh."

Handwerk und Industrie

Die Entwicklung des Handwerks geht auf die Jäger, Fischer und Bauern zurück. Alle mußten sie sich ihre Werkzeuge, Kleidung, Schuhe, Töpfe, das Geschirr für die Haustiere, die Ackergeräte und die Brunnen, ja sämtliche Behausungen wie Zelte und Hütten selbst herstellen. Die Geschicktesten halfen den Familien der Sippe auf dem Gebiet, das sie besonders gut verstanden. Sie wurden zu Fachkräften: Zimmerleuten, Maurern, Schustern, Mühlenbauern.

Im Lauf der Jahrhunderte wurden die Aufgaben der Handwerker immer vielfältiger. Am Ende des Mittelalters entwickelte sich ein Forschergeist, der den Beginn der Natur- und Ingenieurwissenschaften einleitete. Nach etwa zwei Jahrhunderten waren die ersten Betriebe der Kleinindustrie entstanden, deren Kern das Handwerk und die Familien war.

Bis zum Anfang des 19. Jahrhunderts standen aber als Energiequellen zum geringeren Teil die Wind- und Wasserkraft und in der Hauptsache nur die Muskelkraft der Tiere und der Menschen zur Verfügung. Das galt für alle Arbeitsgebiete. Diese drei Energiequellen reichten in Mitteleuropa zur Entstehung eines kleinen Wohlstandes aus. Erschwingliche Artikel des täglichen Lebens schufen neue Wünsche. Es war ein scheuer, aber gesunder Anfang der Konsumindustrie, die erst später mit der fossilen Energieschwemme auszuarten begann.

Es ist fast immer ein Gewinn, wenn man nach der Herkunft der Worte und Begriffe fragt. Das griechische Wort τεχνη, von dem das Wort Technik herrührt, bezeichnet alle Fertigkeiten des Menschen im handwerklichen und künstlerischen Sinn. Beide Begriffe waren nicht voneinander zu trennen. Diese Einheit wurde noch einmal in der Zeit der Renaissance angestrebt und zerfiel erst im 19. Jahrhundert vollkommen. Der Begriff der Mechanik (mechanica), der Lehre von den Bewegungen, wurde zum reinen Hilfsmittel der Technik ohne irgendeinen ethischen Beiwert.

Auf die Muskelkraftmaschinen der Renaissance bezogen, sollten Göpel und Treträder der Erleichterung der menschlichen Schwerarbeit durch eine angepaßte Mechanik dienen, die gleichzeitig den Ertrag der Arbeit, das Produkt steigern konnte. Gerade im Handwerk ist es nicht selten gelungen, die Muskelkraft und die Arbeitsmaschinen kraftsparend aufeinander abzustimmen. Und so regte sich zum Ende des Mittelalters überall handwerkliches Treiben, das zu kleinen Betrieben im eigenen Haus führte. Die tragenden Säulen waren die Gemeinschaft des Ortes und die Familie.

Fleiß, Ideen und gute Werkzeuge stehen am Beginn jedes Unternehmens. Ein unabdingbares Werkzeug für alle Werkstoffe waren zu allen Zeiten die Feilen, die aus Bronze bis ins

Hinterhofes sah das sicher etwas anders aus. Aber für den Unterhalt der Familie mußte damals noch jeder nach seinen Kräften zugreifen. Zu allen Zeiten dachte jede Generation, daß es ihre Kinder einmal besser haben sollten. Das erfüllte sich aber erst in der zweiten Hälfte des 20. Jahrhunderts. Und plötzlich fehlte der Jugend die Lebensschule, wenigstens in den Industriestaaten. Ist das nicht traurig? In den armen Ländern zwingt die zu teure Energie die Kinder heute noch an die Maschine. Die Menschen stehen vor der Frage: Entweder hungern oder jede Arbeit zu ergreifen und mit den Zähnen zu verteidigen, wenn sie ihnen ein anderer wegnehmen will. Vor dieser Wahl standen die Familien auch in Europa bis noch vor kurzem.

Die Drehbank nach Cherubin wurde mit einem hier unsichtbaren Tretpedal über eine Pleuelwelle angetrieben. Da man nur in eine Richtung treten konnte, mußte eine andere Kraft für die entgegengesetzte Richtung wirken.

Das erreichte man lange Zeit mit Hilfe eines Spannbogens, der mit der Körperkraft, mit Hilfe eines Seiles mitgespannt wurde, um dann die im Bogen investierte Energie an die zweite Umlaufhälfte der Pleuelwelle wieder abzugeben. Eine Schwungscheibe half über den Totpunkt und Belastungsstöße hinweg. Der Mann am Pedal mußte natürlich immer wieder abgelöst werden. Das System mit der Rückholung durch einen Spannbogen hatte Besson schon 1565 für eine Schraubendrehbank verwendet.

Eine ganze Werkstätte mit Bandsäge, Drehbank und Hobelbank im 18. und 19. Jahrhundert wurde oft von einer einzigen Kurbel, an der zwei Personen drehten, in Betrieb gehalten. Eine Schwungscheibe glich die Leistungsstöße der drei Maschinen aus. Wie oft die Männer an der Kurbel abgelöst werden mußten, ist nicht bekannt. An sich gab es ja im 19. Jahrhundert schon brauchbare Dampfmaschinen, doch für die Kleinindustrie und schon gar für den Handwerker waren sie viel zu teuer, und so mußte weiter mit Muskelkraft an der Maschine gearbeitet werden.

Die Drehbank ist in dieser Werkstätte ja nur eine Maschine von vielen, und jede Maschine verbrauchte Energie, die über Jahrhunderte nur der Mensch oder das Haustier spenden konnten.

Das Problem des Jugendlichen in der Arbeitswelt ist so alt wie die Zivilisation. Für die Einführung der Jugend in das Arbeitsleben hat man schon recht früh das allgemein

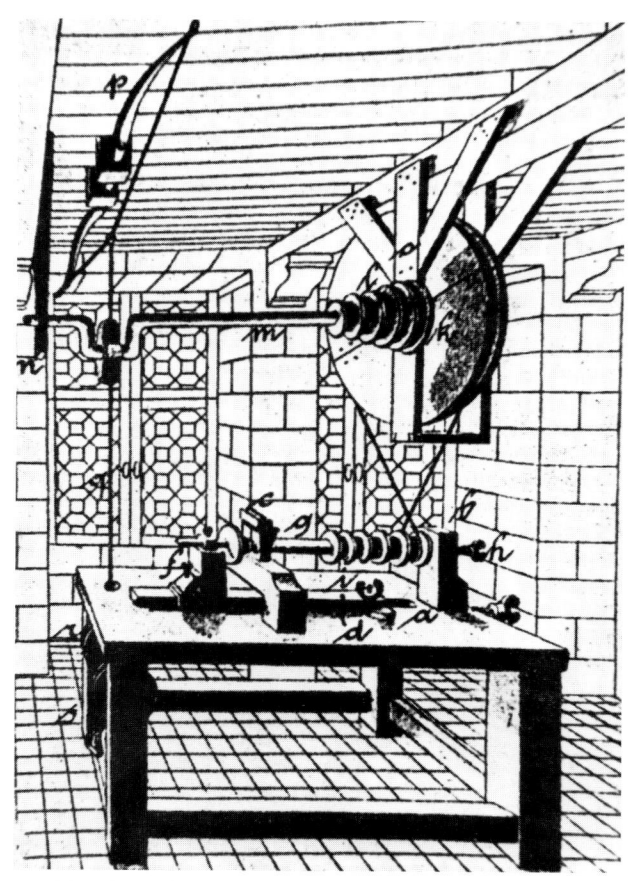

Drehbank nach Cherubin aus dem Jahr 1671.

Drechselwerkstätte mit Tret- und Kurbelantrieb um 1880, jetzt im Museumsdorf Cloppenburg.

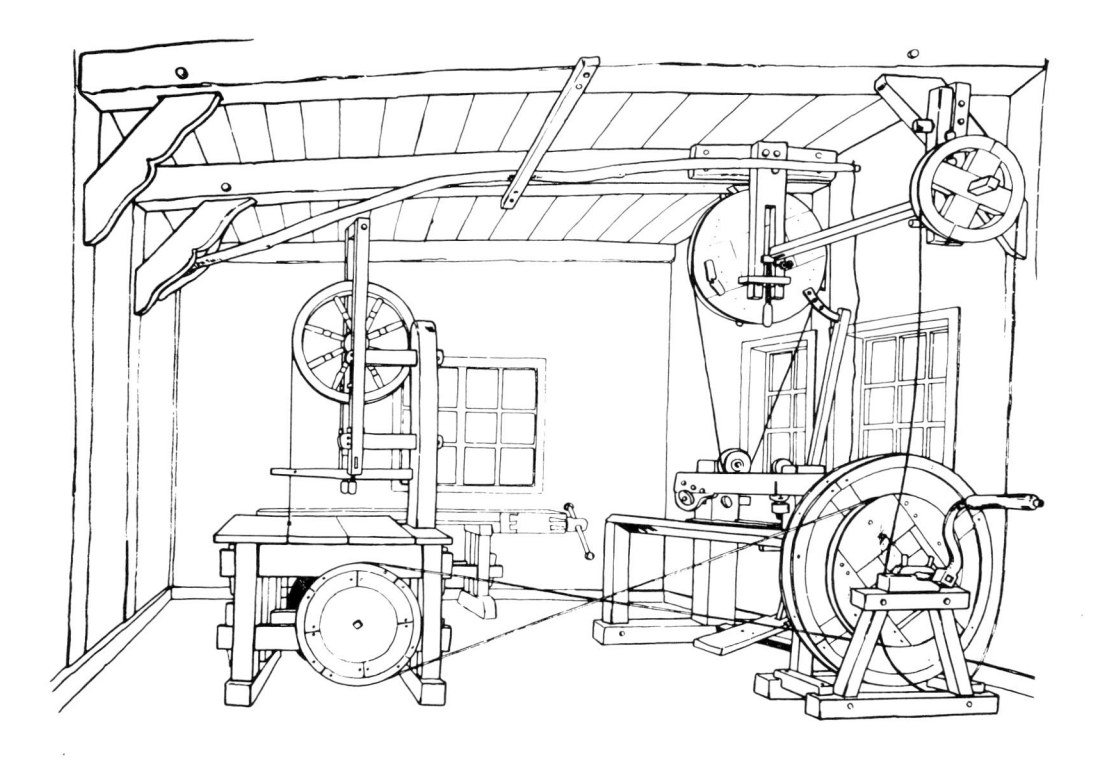

günstige Modell der Lehrzeit gefunden. Sie ist älter als das Handwerk als Beruf.

Es hat immer Jugendliche gegeben, die sofort nach dem Schulabschluß Geld verdienen wollten oder auch mußten. Das Fehlen von Fachwissen wirkte sich für das ganze Leben nachteilig aus und brachte den Verlust von Selbstachtung und von Sicherheit. In früheren Jahrhunderten kam hinzu, daß diese Gruppe die schwerste Muskelarbeit leisten mußte. Sie landete zum großen Teil im Tretrad oder an der Kurbel. Außer ihrer Körperkraft hatte sie nichts, mit dem sie ihren Lebensunterhalt verdienen konnte. Der technische Schriftsteller Christoph Weigel beschrieb 1698 in seinem Buch „Abbildung der gemeinnützlichen Hauptstände", das zweihundertelf Kupferstiche enthält, das Leben in den damaligen Werkstätten.

Der Kupferstich dürfte von den holländischen Künstlern Caspar und Jan Luyken

Nadelherstellung im 17. Jahrhundert nach Chr. Weigel, 1698.

stammen. Die Gesichter der drei Lehrlinge sind von ihrer Tätigkeit geprägt. Der linke Lehrling sieht träumend seinem Nachbarn zu, der voll Eifer bei der Sache ist. Der Knabe an der Kurbel trägt schon die Züge des sich ausgebeutet Fühlenden. Er wird kaum den Weg aus der stupiden, zermürbenden Muskelarbeit finden. Und doch würde ohne ihn alles stillstehen. Das wird er wohl auch wissen. Aber er wird immer wieder an die gleiche Stelle zurückkehren müssen.

Im 18. Jahrhundert waren die wesentlichen Voraussetzungen hinsichtlich des Wissens und der Werkstoffbearbeitung eigentlich vorhanden, um die industrielle Herstellung von Waren anzugehen. Was fehlte, war die überall anwesende und dosierte Energie, die sich genau den Forderungen der Maschinen in Leistung und Drehzahl anpassen konnte. Die ausgebildeten Fachkräfte waren noch rarer als heute, und die einfacheren Arbeiten mußten von Frauen, Jugendlichen und Kindern ausgeführt werden, soweit deren Kräfte ausreichten. Doch es war immerhin eine intelligente Energie, die auf alle Unregelmäßigkeiten reagierte. Das war aber ihre einzige Überlegenheit gegenüber anderen Energien. Und so verblieb der Muskelantrieb von Maschinen, meist im Einzelantrieb. Zu jeder Maschine gehörte eine menschliche Hilfskraft, bis sie vom Elektromotor abgelöst wurde. Die Anzahl der Hilfskräfte war demgemäß sehr hoch und die Löhne für die Energiespender äußerst niedrig, sonst wäre die Energie teurer als die Ware gewesen. Und so kamen für diese Arbeit nur Frauen und Jugendliche in Frage, die für die Familie nur ein Zubrot verdienen mußten. Es wurde bei aller Plage sogar noch als Glück empfunden, eine solche Hilfsarbeit zu bekommen, denn vom Betteln leben zu müssen, war ungleich härter und entwürdigender. Einzelne Staaten, zum Beispiel Österreich, bezahlten den Firmen im 18. Jahrhundert bei der Einstellung von Kindern Prämien. Die Not war unvorstellbar. König Friedrich II. von Preußen wollte sogar das allgemeine Energieproblem durch die „Abstellung" von tausend Kindern lösen. Doch die Arbeitgeber lehnten dies ab. Mit dem Problem mußte der freie Markt selbst fertig werden.

Die Antriebsräder scheinen damals schon einer gewissen Normierung unterlegen zu sein. Die drei mittleren Räder bedienten den Blasebalg für den Schmelzofen.

Wohl die größte Anzahl von energiespendenden Hilfskräften dürfte im 18. Jahrhundert in den Webereien und Tuchfabriken gearbeitet haben. Um so verheerender waren die Auswirkungen auf die Arbeitsplätze, als die mechanischen Spinn- und Webstühle aufkamen und dazu noch mit Dampfmaschinen angetrieben wurden.

In Spinnereien war es zu Anfang des 18. Jahrhunderts üblich, daß die Arbeiterin die Spinnmaschine, auch wenn es sich um einen großen Apparat mit einem großen Antriebsrad handelte, selbst antrieb, um die Drehzahl dem Fortgang der Spinnarbeit anzugleichen. Nur die Zutragarbeiten wurden von Kindern ausgeführt.

Wenngleich auch am Ende des 19. Jahrhunderts die Spinnereien und Webereien schon weitgehend industrialisiert waren, zumindest soweit Wasser- oder Dampfkraft vorhanden war, so arbeiteten die Mittel- und Kleinbetriebe auf dem Land immer noch vorwiegend mit Muskelkraft. Der Maler Max Liebermann (1847 bis 1935) schuf in seiner späten Phase häufig Bilder aus dem täglichen Leben, wie die Netzflickerinnen am Strand oder die Flachsscheuer um 1892. Auf dem Bild ist den sechs Spinnerinnen je ein Kind an dem Spulrad zugeordnet. Fünf Packerinnen und

Antriebsräder in einer französischen Stahlmanufaktur um 1783.

Spinnerei in Böhmen um 1728 nach einem Kupferstich.

eine Meisterin vervollständigen den Betrieb in der Flachsscheuer. Solche Hilfsarbeiterstellen in einem Frauenbetrieb gehörten zu den Glücksfällen.

Läßt man das Bild auf sich wirken, so können schon starke Zweifel an dem Wert der perfekten Automatisierung zum Ende unseres Jahrhunderts kommen. Kann das wirklich gutgehen, und ist das wirklich in diesem Umfang notwendig? Was sollen all die Hände noch tun?

Ein geschriebenes Recht auf Arbeit für alle schafft sowenig Arbeit wie ein künstliches Arbeitsprogramm, das keine verkäuflichen Produkte herstellt. Es ist höchste Zeit für Staat, Industrie und Gewerkschaften, einen Ausgleich zu schaffen zwischen der zunehmenden Computerisierung der Arbeitsplätze und dem Rückgang der Beschäftigungszahlen. Sicher müßten wir ohne die Erzeugnisse der Technik in Armut leben, doch Goethe, der kein Feind der Technik war, schrieb 1829: „Das überhandnehmende Maschinenwesen quält und ängstigt mich. Es wälzt sich heran wie ein Gewitter, langsam, langsam, aber es hat seine Richtung genommen. Es wird kommen und treffen. Man denkt daran, man spricht davon, und weder Denken noch Rede kann Hilfe bringen." Wenn die Megamaschine unserer Wirtschaft außer Kontrolle gerät, sind die Folgen vernichtend. Wir begeben uns auf eine gefährliche Gratwanderung. Die Intelligenz und die Moralität der Menschen sind heute durch den Machtzuwachs höchst gefährdet.

Trotz aller Maschinenstürmerei am Anfang des 19. Jahrhunderts ließ sich die Fortentwicklung der Maschinen natürlich nicht auf-

Das Gemälde „Die Flachsscheuer" von Max Liebermann um 1892.

halten, und die Menschen fanden in der Industrie neue, bessere und auch höher bezahlte Arbeit, ohne die die wachsende Bévölkerung nicht hätte existieren können. Dabei eilten die Konstruktionsfortschritte dem Energieaufkommen weit voraus. Und so mußten auch die modernen Spinnmaschinen von James Hargreaves im Jahr 1770, die das Sechzehnfache ihrer Vorläufer leisteten – es war die „Blasse Jenny" –, noch lange mit der Hand angetrieben werden, Schwerarbeit auch für kräftige Männer.

Der große Bedarf an Kleidung in der ganzen westlichen Welt im 18. Jahrhundert war das erste sichere Zeichen für den Beginn eines kleinen Wohlstandes, auch wenn er die sozial untersten Schichten nicht sofort erreichte. Die meisten Erfindungen kommen zur rechten Zeit, häufig sogar etwas zu früh. Die erste Jenny war mit zwölf Spindeln ausgerüstet, ihre Nachfolgerin verfügte zehn Jahre später schon über achtzig Spindeln, die immer noch mit Muskelkraft angetrieben werden mußten.

Das Spinnen an sich war ein uraltes Verfahren.

Nach einer Sage aus der Zeit vor viertausendsechshundert Jahren erging sich eine chinesische Prinzessin mit ihren Hofdamen an einem schönen Frühlingstag im Park und blieb überrascht vor einigen Maulbeerbäumen stehen. An einem Baum hingen an dünnen Fäden längliche, weißgelbe Früchte in großer Zahl. Daraus schlüpften gelbe Schmetterlinge. Es waren Seidenspinner. Die Prinzessin nahm einige leere Hüllen mit und untersuchte diese „Konkon", die aus hauchdünnen, langen Fäden bestanden, die sie abwickeln konnte. Die Seide war entdeckt.

Sofort ging man daran, die Raupe zu züchten. Wenn auch die etwa viertausend Meter langen Fäden nur ungefähr ein hundertstel Millimeter stark waren, so waren sie fest ge-

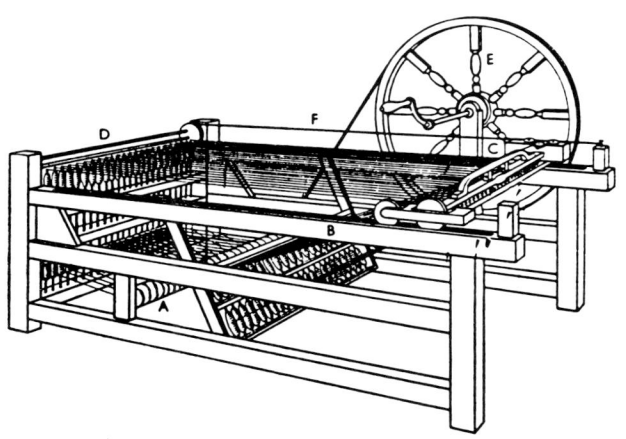

Hargreaves' hölzerne Spinnmaschine von 1790 mit Handkurbelantrieb vom Typ Jenny.

nug, um viele Fäden zusammen zu zwirnen, zu moulinieren, so daß schon sehr früh feste Garne hergestellt werden konnten. Über zwei Jahrtausende geschah dies mit Handspindeln, die auf allen Wegen von den Frauen bedient wurden, wie man es heute noch mit anderen Materialien in mehreren Ländern, so z. B. in Peru, antreffen kann.

In der Han-Dynastie (206 v. u. Z. bis 220 u. Z.) gab es dann schon einfache Spindelmaschinen, deren Entwicklung zu Mehrfachspindelmaschinen etwa tausend Jahre in Anspruch nahmen, wohl weniger, weil die Kreativität fehlte, sondern weil kein Bedarf vorlag.

Die Muskelarbeit für vierzehn Spindeln mit relativ hoher Geschwindigkeit ist sicher schon recht beachtlich, und bei den vierzehn Spindeln blieb es ja nicht. In China wurde die Industrialisierung nie so heftig vorangetrieben wie in Westeuropa, und so findet man neben hochmodernen Seidenfabriken auch viele kleine und kleinste Betriebe, in denen noch alles mit Muskelkraft wie in frühen Zeiten gefertigt wird.

Nach dem gleichen Prinzip wie beim Moulinieren von Fäden werden in größerem Maß-

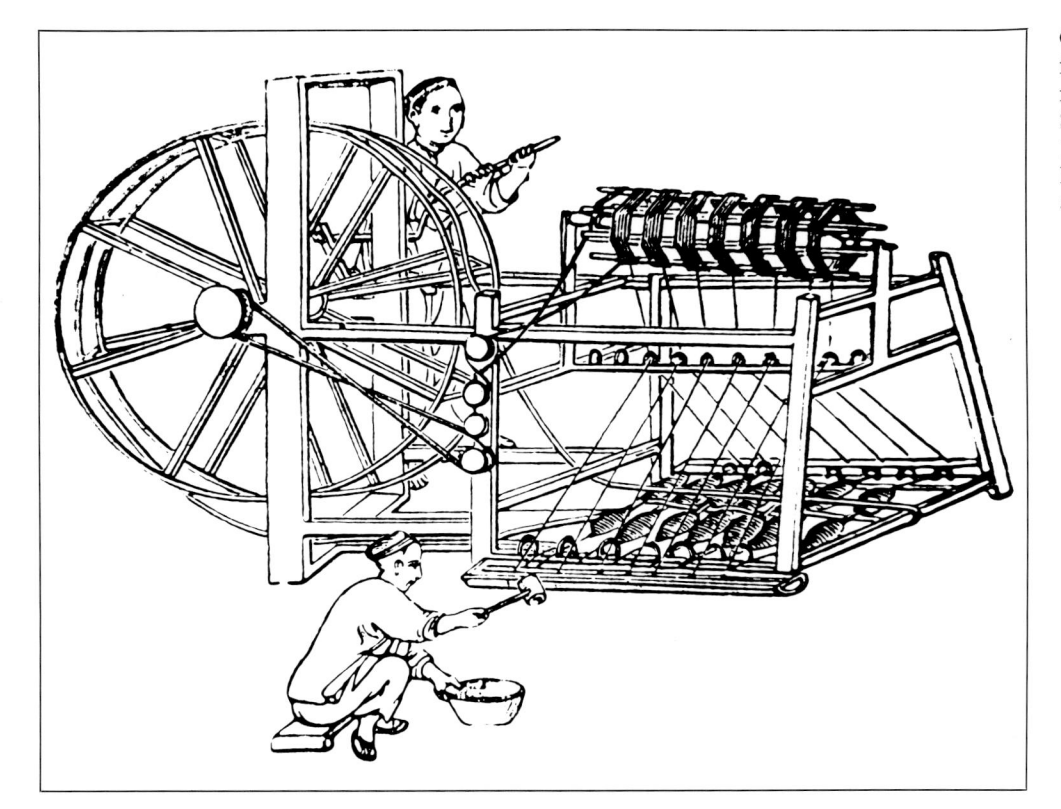

Chinesische Mehrfachspindelmaschine mit vierzehn Spindeln aus dem 17. oder 18. Jahrhundert mit Kurbelantrieb.

stab Seile aller Stärken hergestellt. Ohne Seile kamen die Menschen schon vor sechstausend Jahren, besonders in der Schiffahrt und im Bauwesen, kaum aus. Bei der Aufzählung der Hilfsmittel der Antike, wie Hebelarm, Rollen, Winden, wird das Seil allerdings meist vergessen. Eine Winde ohne Seile ist keine Winde. Kein Segelschiff kommt ohne Taue aus. Kein Schwertransport war ohne Seile möglich, ob sie aus Hanf, Kokosfasern, Sisal oder Manilafasern und heute aus Stahl- oder Kunststoffasern bestehen. Überall, wo Zugkräfte wirken, sind Seile unverzichtbar, deren Durchmesser von Millimeter- bis zur Armstärke reichen.

Der Bau der Pyramiden wäre ohne Seile, besonders beim Transport der Steinquader, nicht möglich gewesen; ohne Seile und viel Muskelkraft.

Schon im 9. Jahrhundert v. u. Z. besaßen die Assyrer Seilwagen, die den heutigen Kabelwagen sehr ähnlich sind.
An den großen Hebelarmen und in den Seilen hingen Hunderte von Sklaven, die auch

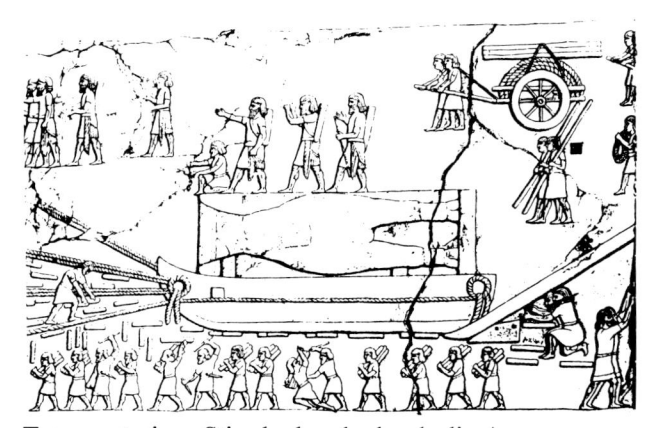

Transport eines Stierdenkmals durch die Assyrer um 850 v. u. Z. bei Ninive.

Aufstellung des großen Obelisken in Rom, 1586.

den Seilwagen ziehen mußten. Nach ungefähr fünf Trägern der Rollen ging jeweils ein Aufseher. Es gibt viele ähnliche Darstellungen aus der Antike, die den Einsatz der Muskelkraft bis zur völligen Erschöpfung zeigen, doch uns geht es hier um die Muskelkraftmaschinen.

Auch der Bau der ägyptischen Pyramiden, so der Cheops-Pyramide um 2500 v. u. Z., die in dreiundzwanzig Jahren aus 2,3 Millionen Quadern zu je 2,5 Tonnen Gewicht und mit hunderttausend Arbeitern, Heloten und Sklaven und etwa zehntausend Steinmetzen errichtet wurde, wäre ebensowenig möglich gewesen wie die Zikkurate in Assyrien, die Hünengräber der Germanen oder das Grabmal Theoderichs I., König der Ostgoten (471 bis 526 u. Z.) mit dem Sitz in Ravenna, dessen Kuppel aus einem Monolithen von 400 Tonnen besteht, wenn keine Seile zur Verfügung gewesen wären.

Bis in die Neuzeit hat sich das Verfahren beim Transport großer Lasten nur wenig verändert. Als im Jahr 1586 der Baumeister des Papstes Sixtus V. Domenico Fontana (1563 bis 1607) den großen ägyptischen Obelisken auf dem Petersplatz in Rom aufstellte, berechnete er, daß er dazu vierzig Göpel mit rund neunhundert Arbeitern und hundertvierzig Pferden und über drei Kilometer Seil brauchte.

Das Bild ist ein Kupferstich aus dem Buch Domenico Fontanas „Delle trasportatione dell'Obelisco Vaticano Roma 1590". Nach dem Tod von Michelangelo 1564 vollendete Fontana die große Kuppel der Peterskirche. Fontanas Kupferstich läßt uns klar erkennen, wie selbstverständlich der Einsatz von Göpeln mit Tieren oder Menschen war und wie genau deren Leistung zu berechnen war; denn das schwierige Manöver der Aufstellung des Obelisken aus der waagerechten Lage gelang auf Anhieb.

Mit den zu bewegenden Massen wuchsen die Seilkräfte und die Seildurchmesser. Für die Herstellung starker Seile aber bedurfte es großer Kräfte, um die Seile straff und hart zu ziehen. Diese Seilzugkräfte konnten nur mittels Göpeln oder Treträdern aufgebracht werden.

Schon Fausto Veranzio entwarf in seinem Buch „Machinae novae" um 1595 ein Tretrad für eine Großseilerei.

Der Mangel an billigster Arbeitskraft in Europa war ständiger Anreiz, die Muskelkraftmaschinen immer mehr zu verbessern, um mit wenigen Menschen im Göpel oder Tretrad größere Wirkungen zu erzielen. Als vor etwa zweihundert Jahren die ersten brauchbaren Dampfmaschinen zögernd aufkamen, wurden sie zunächst dort eingesetzt, wo es eine Ansammlung von Handwerksbetrieben gab, die einen bedeutenden Energiebedarf hatten. Auf dem flachen Land drehten sich Göpel und Treträder noch lange als eine selbstverständliche Kraftmaschine, bis sie auch hier im 19. Jahrhundert Stück für Stück, vor allem durch den elektrischen Strom, überflüssig wurden. Bis dahin kam es immer wieder vor, daß Treträder, auch entgegen den moralischen Grundforderungen, als trostlose Massenenergie-Maschinen aufgestellt und betrieben wurden, so auch in Strafanstalten. Die uniformierten Aufseher lassen darauf schließen, daß es sich hier um Strafgefangene handelte, die für den Energiebedarf der Anstalt oder im Lohnverfahren für allgemeine Zwecke, z. B. der Mehlversorgung, arbeiteten. Mit der Verbilligung der allgemeinen Energieversorgung haben sich solche Verirrungen von selbst überholt.

Im normalen Handwerksbetrieb war die Arbeit am Tretrad zwar keine leichte Arbeit; aber nicht unbedingt schwerer als die übliche Handarbeit, die als unabänderlich hingenommen wurde. Heute ist kein Mensch mehr gewillt, eine solche Arbeit zu leisten, was eine erfreuliche Begleiterscheinung unserer Hochindustrialisierung ist.

Wir leben gemessen am Standard der nichtindustrialisierten Völker luxuriös. Das hatte zu allen Zeiten eine Schwächung der Widerstandskraft und eine geistige Trägheit zur Folge, die Unzufriedenheit auslöst.

Im Handwerk waren die Arbeitsbedingungen wohl meist erträglich. Man lebte zu eng zusammen und war aufeinander zu sehr ange-

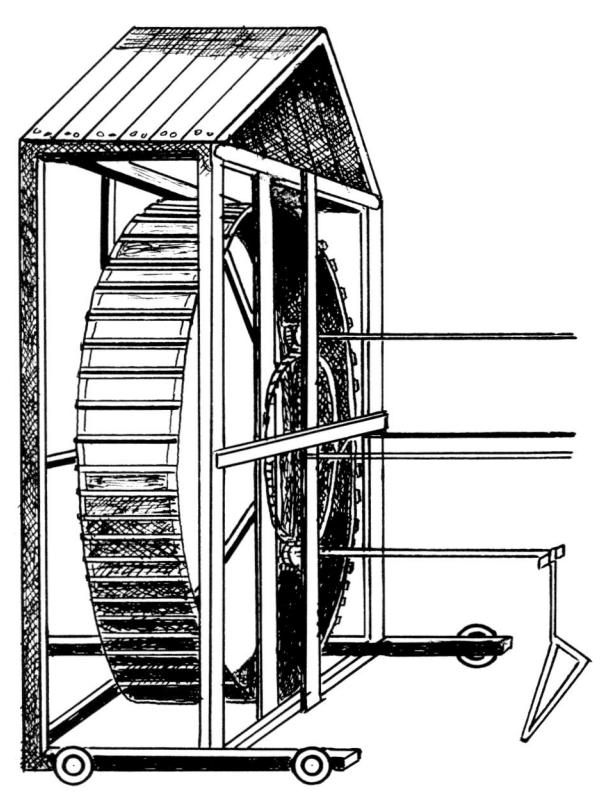

Tretrad für eine Seilerei nach Veranzio, 1595, nach einem Kupferstich aus „Machinae novae".

wiesen, um Unzumutbares vom anderen zu verlangen. Auch wenn hart gearbeitet wurde, die damals noch mitten im Betrieb stehende Frau Meisterin brachte ihre Mütterlichkeit ein und sorgte für die um Gesellen und Lehrlinge vergrößerte Familie. Ihr Dasein machte die Arbeit erträglich. Sie war der gute Geist des Betriebes.

Schwerarbeit war eigentlich jede Tätigkeit, sogar das Bohren, das heute mit der elektrischen Handbohrmaschine spielend erledigt werden kann.

Die ältesten Bohrer waren Steinbohrer, die man für die Herstellung von Steinäxten brauchte. Sie reichen im östlichen Mittelmeergebiet bis in die Zeit um 7000 v. u. Z. zurück. Mit dem Aufkommen der Seeschiffahrt wurden lange Holzbohrer entwickelt, die bereits um 800 v. u. Z. einen Riemenantrieb erhielten und damit als Maschinenbohrer zum ersten selbständigen Werkzeug wurden. Homer schildert die Arbeit mit der Holzbohrmaschine sehr anschaulich:

„Wie wenn ein Mann den Bohrer lenkend, ein Schiffholz bohrt, die Unteren ziehen an beiden Enden des Riemens, wirbeln ihn hin und her; und er fliegt in dringender Eile."

Vor allem die Waffentechnik brauchte ab dem 15. Jahrhundert leistungsstarke Bohrer, die natürlich muskelbetrieben waren. So zeigt Christoph Weigel in seinem Buch „Die gemeinnützlichen Hauptstände" 1698 unter anderem auch eine Büchsenmacherwerkstätte, wo ein Mann mittels einer Kurbel mit einem

Tretmühle mit zwölf Treträdern nach einer französischen Darstellung aus dem Jahr 1867.

Werkstätte für Büchsen und Pistolen nach Weigel um 1698.

Schwungrad den Lauf eines Gewehres bohrt. Das Ausbohren von Kanonenrohren bedurfte natürlich wesentlich größerer Energien, für die die Wasserkraft besonders geeignet war. Aber sie war nur an wenigen Orten vorhanden und schon gar nicht ganzjährig. Und so mußten auch hier die Treträder die Bohrarbeit übernehmen.

Im Jahr 1540 hatte Vannoccio Biringuccio (1480 bis 1539) aus Siena sein Buch „Pirotechnia" mit zweiundachtzig Holzschnitten über den damaligen Stand der Technik geschrieben. Es war nicht nur eine Zusammenfassung anderer Bücher. Er selbst reiste viel, besichtigte zahlreiche technische Vorrichtungen und beteiligte sich am Bau von Maschinen. Biringuccio stellte in seinem Buch eine Geschützbohrmaschine vor, die normalerweise von einem Wasserrad betrieben wurde, das bei Niedrigwasser von einem Sprossen-Tret-

Geschützbohrmaschine mit Wasserrad- bzw. mit Sprossenradantrieb nach Biringuccio um 1540.

rad mit Muskelkraft ersetzt wurde. Rüstung eilt eben immer.

Bei Bedarf kuppelte man das Sprossenrad, das von mehreren Männern getreten wurde, statt des Wasserrades an das Bohrgestänge. Dazu mußte das Wasserrad ausgebaut werden.

Auf dem Bild ist gerade das Wasserrad zur Seite gestellt. Um die Bohrung in das Geschützrohr einzubringen, wird das Rohr auf einem Schlitten befestigt, der mit einer Kreuzhaspel zum Drehstahl hinbewegt wird, der an der Spitze der Radwelle angebracht ist. Das Tretrad besitzt außen Sprossen für das Kraftpersonal. Biringuccio empfiehlt auch eine Trettrommel, vermutlich mit Innenantrieb.

Eine ähnliche Geschützbohrmaschine, jedoch mit senkrechter Rohrlage und Haspelantrieb, stammt von dem unbekannten Techniker um 1450 u. Z., der schon mehrmals angeführt ist. Der Antrieb am oberen Ende, ob als Tretrad, Kurbel oder Haspel, ist nur klein angedeutet. Seine Bauweise wurde als bekannt vorausgesetzt. Der gleiche Autor entwarf auch eine Geschützbohrmaschine mit Tiergöpelantrieb für größere Geschützrohre.

Seit etwa hundertfünfzig Jahren dient das Bohren nicht nur dem Maschinenbau auf allen Gebieten der Technik, sondern auch der Suche und Förderung von Erdöl aus allen Tiefen, die uns zugänglich sind. Für die Wale der Weltmeere war die Auffindung des Öles zunächst ein großes Glück. Sie hatten bis dahin zu Tausenden ihr Leben lassen müssen, nur um die Öllampen der Menschen mit ihrem Tran zu speisen.

Das Erdöl ist schon seit etwa sechstausend Jahren bekannt, und zwar von kleinen Ölquellen direkt an der Bodenoberfläche oder in Form von angeschwemmten Teerklumpen, die die Menschen zum Abdichten von Brun-

Senkrechte Geschützbohrmaschine mit Haspel- oder Tretradantrieb von einem Unbekannten um 1450.

nen und Gebäuden benutzten. Im 19. Jahrhundert, als die ersten erfolgreichen Bohrungen durchgeführt wurden, wurde das Erdöl sogar medizinisch verabreicht, genauso wie etwas später uranhaltige Weine. Man muß eben alles ausprobieren!

In Stadt und Land wuchs der Bedarf an Petroleum für die Raumbeleuchtung im 19. Jahrhundert so stark an, daß man sich auf die Großsuche nach Erdöllagern begab. Die offenen Ölstellen und die Ölvorkommen einige Meter unter der Erdoberfläche erbrachten zwar im vorigen Jahrhundert schon Jahres-

Erste erfolgreiche Ölbohrungen mit Fußbetrieb etwa zu Beginn des 19. Jahrhunderts.

ausbeuten von bis zu 20 000 Tonnen, aber das war nur ein Tropfen gegenüber dem Bedarf. Öllampen waren das große Geschäft. Es mußte also im großen Stil gebohrt werden und natürlich mit Muskelkraft, womit sonst mitten in der Prärie?

Mit einfachen Ölbohranlagen, bei der der Bohrer von Hand immer weitergedreht und mit den Beinen dabei nach unten gestoßen wurde, sollen Bohrtiefen von nahezu einhundert Metern erreicht worden sein, doch die gängigen Bohrtiefen dürften etwa bei zwanzig Metern gelegen haben. Der lange federnde, dünne Baumstamm zog den Bohrer immer wieder zurück. Das System der Kopplung von Drehbewegung mit einem vertikalen Hoch- und Niederfahren des Bohrers ist bis heute das Grundprinzip jeder Ölbohranlage, bis hin zu den gigantischen Bohrinseln auf den Meeren.

Sehr bald aber reichte die Muskelkraft der Arme und Beine für diese Art des Bohrens nicht mehr aus. Allein durch das steil ansteigende Lampengeschäft, das zum Teil von den entstehenden Ölfirmen selbst betrieben wurde, die sogar Lampen verschenkten, um den Ölbedarf zu steigern, war das Investitionsrisiko sehr gering, nachdem die Öle destilliert wurden und nicht mehr so abscheulich rußten. Das Ölgeschäft wurde über Nacht zu einem der härtesten Ellenbogenkämpfe, die bereits 1882 J. D. Rockefeller für sich entschied, obwohl er selbst kaum bohren ließ. Überall, wo man fündig wurde, tauchten die Aufkäufer Rockefellers auf. Er wurde der reichste Mann der Welt.

Selbstverständlich war es schnell mit der bloßen Handbohrerei vorbei, und die Treträder übernahmen die Arbeit auf den Bohrstellen für einige Zeit, bis Dampfmaschinen für diesen speziellen Zweck entwickelt waren und in wenigen Jahrzehnten die Treträder verdrängten. Die erste erfolgreiche Tiefbohrung erfolgte 1819 in Ohio/USA.

Der Bohrturm hatte eine Höhe von immerhin zwanzig Metern. Der Erbauer, K. G. Kind, war ein Bergwerksingenieur aus Freiburg im Breisgau. Er setzte die neuen Maßstäbe.

Mit dem Tretrad von Kind wurden nicht die Bohrer in Umdrehung versetzt, sondern lediglich das Bohrgestänge mit einem Seil eingefahren und wieder heraufgeholt. Der Bohrer selbst, der das letzte Stück frei herunterfiel, wurde, wenn er wieder oben war, von Hand um ein geringes Maß weitergedreht, das brachte mühsam den Effekt eines sich drehenden Bohrers. Immerhin erreichte man Bohrtiefen zwischen dreihundert und fünfhundert Metern. Das war schon etwas.

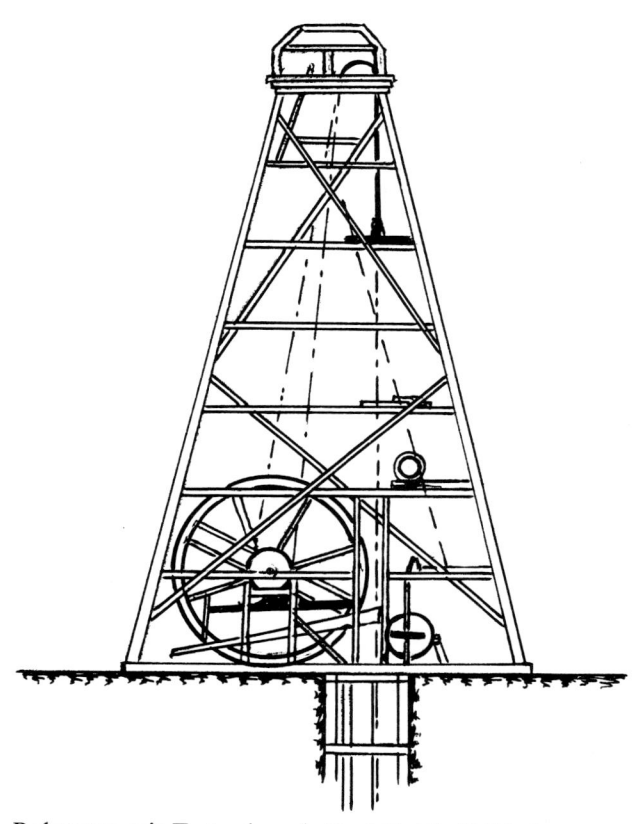

Bohrturm mit Tretrad nach Karl Gotthelf Kind um 1840 in Pennsylvania.

Ab ungefähr 1850 begann sich ein ausgedehnter Wald von Bohrtürmen über die Ölfelder auszubreiten, obwohl die Grundstückspreise astronomische Höhen erreichten. Die ölfiebernden Einwanderer erwarben nur soviel Quadratmeter Grund, daß darauf gerade der Turm und eine ganz kleine Werkstätte, in der man auch schlief, Platz fanden. Sie arbeiteten bis zum Umfallen, um fündig zu werden, bevor das Geld ausging, das oft genug nur geliehen war. Doch nur sehr wenige kamen zu einem bescheidenen Reichtum, einige konnten gerade davon leben; die meisten verloren alles und zogen zu Goldfeldern weiter. Das Elend in Europa, der Wagemut des Auswanderers und seiner Frau, schwerster Einsatz der Muskelkräfte mit und ohne Tretrad bei größten Entsagungen und ein paar Dollar standen am Anfang eines neuen Zeitabschnitts mit fast unvorstellbaren Möglichkeiten auf fast allen Gebieten. Eine unerschöpflich scheinende Energie versprach Wohlfahrt für alle Zeiten. Ein Energievorrat, der in einer halben Milliarde von Jahren angewachsen war, wurde angebohrt, ein Reichtum, der größer war als alles Gold der Welt. Die Unersättlichkeit des Menschen wird in zweihundert Jahren, gerechnet vom Beginn des Ölbooms, diesen unermeßlichen Reichtum verschleudert haben und neben den erfüllten Träumen eine Öde hinterlassen. Setzt man die Entstehungszeit von einer halben Milliarde einem Tag gleich, so haben wir den ganzen Reichtum im Bruchteil einer einzigen Sekunde verbraucht und davon das meiste für unnötige Dinge. Unsere Maßlosigkeit ist unfaßbar und tödlich.

Das Zusammentreffen aller wesentlichen Erfindungen und Entwicklungen in der zweiten Hälfte des 19. Jahrhunderts, wie Energiequellen, Kraft- und Arbeitsmaschinen, Großchemie, Metallurgie und Verkehrsmittel führten in den westlichen Ländern zu einer beispiellosen und geradezu explosionsartigen Industrialisierung auf fast allen Gebieten. Dazu kam die aufstrebende Elektrotechnik, mit Ausnahme der handlichen elektrischen Geräte und Motoren, die dem 19. Jahrhundert vorbehalten waren. Damit kamen zunächst mehr Schwerarbeiten auf den Handarbeiter zu als vorher, da die Maschinen wesentlich mehr Halbfabrikate ausstießen. Das Tretrad verließ zwar die Fertigungshallen, aber die Maschinen diktierten ein größeres Arbeitstempo.

Das Bild befindet sich in der Ostberliner Nationalgalerie. Der Maler Adolph von Menzel (1815 bis 1905) war tief beeindruckt von dieser Dichte der neuen Arbeitswelt, die den Männern alles abforderte. Ohne ihre Frauen, die mittags das Essen in die Betriebe brachten und eine kurze Weile bei ihren Männern blieben, wären diese von der neuen Last, bei der zu der schweren Arbeit auch noch die Hetze kam, wohl erdrückt worden. Die Frauen haben den heutigen Lebensstandard mit ermöglicht und die Arbeit erleichtert, so daß der Anspruch der Frauen auf gleiches Recht in der Arbeit als selbstverständlich erhoben wird.

Abseits der aufkommenden Groß- und Schwerindustrie auf dem Land und in kleinen Städten waren auch zum Ende des 19. Jahrhunderts die muskelbetriebenen Arbeitsmaschinen noch in voller Tätigkeit. Es gab, genau wie heute, auch Arbeiten, die einer individuellen Ausführung bedurften, die die Großindustrie an kleinere Firmen vergab. Dazu gehörten damals u. a. auch Schleifarbeiten mit oder ohne Schablone. Auf diesem Gebiet hatte das Handwerk schon jahrhundertelange Erfahrungen.

Vittorio Zonca zeigt uns in seinem Buch „Novo Teatro di Machine ed Edificii" eine

105

Adolph von Menzel, „Eisenwalzwerk", Gemälde, 1875.

Schleiferei mit Pferdegöpel nach Zonca um 1607. Vom Göpel wird gleichzeitig auch eine Mühle betrieben.

Schleiferei mit Göpelantrieb. Hier liegt der Schleifer auf dem Bauch und stemmt sich zur Schleifscheibe hin mit den Füßen ab.

Im 17. Jahrhundert wurden Tiergöpel auch recht häufig im Nebenbetrieb verwendet. Die einzige Kuh, die für die Milchversorgung der Familie sorgte, mußte schon für einige Stunden am Tag das Göpelrad drehen. Die Arbeitsmaschinen waren meist so klein, daß die Belastung erträglich war.

Von dem niederländischen Maler Gerhard Terborch d. J. (1617 bis 1681) stammt ein Genrebild „Die Familie des Scherenschleifers" aus der Zeit um 1635. Es zeigt im Hintergrund in der offenen Remise, wie der Sohn an der Schleifscheibe arbeitet, die von einem Göpel angetrieben wird. Am Hauseingang sitzt die Großmutter und laust den Kopf der Enkelin. Das Haus selbst ist zwar alt, aber es gibt den drei Generationen eine sichere Herberge. Das Bild vermittelt ein friedvolles, wenn auch etwas ärmliches Dasein, das aber nicht belastend wirkt.

Es gibt Schleifarbeiten, die ein Laie sich kaum vorstellen kann. Das sind Schleif- und Polierarbeiten in der Optik und Astronomie. Schon die kleinste Unebenheit in der Führung des Fernrohres macht eine Beobachtung und vor allem die Fotografie von Gestirnen unmöglich.

Wie erschütterungsfrei ein Teleskop auf seinem polierten Tragring laufen muß, läßt sich durch einen Vergleich ahnen: Nehmen wir an, ein Jäger zielt auf ein Reh, das fünfhundert Meter von ihm entfernt ist, und er verwackelt die Mündung seines Gewehres nur um einen Millimeter, so schießt er fast um einen Meter vorbei. Übertragen wir die Abweichung des Teleskopes um einen Millimeter, so macht das fünf Kilometer auf dem Mond aus. Mittlere Krater könnten nicht gefilmt werden. Peilen wir einen Fixstern in unserer Milchstraße an, so schießen wir um eine Million Kilometer vorbei, wenn das Teleskop gerade um ein Tausendstel Millimeter wackelt.

Die Vorrichtung in China war denkbar einfach: Ein Esel drehte mit Hilfe einer Göpeleinrichtung einen Schleifklotz über den vorgefertigten Tragring für das Teleskop. Der Krug auf dem Schleifklotz enthielt das für das Schleifen notwendige Wasser.

Schon vor dem Beginn der Ming-Dynastie in China (1368–1644), zu Zeiten des Kublai Chan, der auch Kaiser von China war, begann eine vorsichtige Öffnung des Landes zum Westen hin (Marco Polo). Der erste Ming-Kaiser Hung Wu, der es vom Bettelmönch mit einem Hang zum Heerführer bis zum Kaiser brachte, führte die Öffnung weiter, wenngleich auch seine Erfahrungen mit den Europäern ziemlich unerfreulich waren:

Schleifen eines astronomischen Teilkreises in China um 1670.

diese wollten statt Waren eine neue Religion einführen, in der Vorstellung, daß die Chinesen keine Religion, zumindest nicht die richtige, hätten. Der Christianisierung war jedoch kein nachhaltiger Erfolg beschieden und konnte unter der 1644 beginnenden Mandschu-Dynastie nur weitergeführt werden, weil der junge Kaiser Shun Shih mit dem Jesuiten-Pater Adam Schall von Bell befreundet war, der in der Astronomie sehr bewandert war, was auch die Chinesen interessierte. Doch fehlte es ihnen an den notwendigen Instrumentarien. Dabei konnte ihnen von Bell behilflich sein.

Eine einmalige chinesisch beeinflußte Treteinrichtung zum Schleifen eines runden Sternglobus geht auf das Jahr 1726 zurück. Dabei wird nicht die Schleifeinrichtung bewegt, sondern der Globus mit den Füßen in allen Richtungen, um eine exakte polierte Kugeloberfläche zu erhalten.

Man sieht auf dem Bild die Füße eines Mannes, der unter einem Dach den Globus bewegt. Rechts steht ein Mann mit einem Stichel für die Formung und links ein Mann mit einem Polierklotz.

Schleifen und Polieren eines Sternglobus aus Bronze in China nach dem Bild einer chinesischen Enzyklopädie aus dem Jahr 1726.

Es ist hier völlig unmöglich, das ganze Gebiet des Handwerks im Hinblick auf den Einsatz von Muskelkraftmaschinen erschöpfend zu beschreiben.
Es dürfte wohl kaum ein Handwerk gegeben haben, das ohne Göpel oder Treträder und ähnlichem ausgekommen ist. Insgesamt aber waren die Muskelkraftmaschinen einander doch recht ähnlich.
Zwei Beispiele seien noch herausgegriffen. Die Herstellung von Keramikgefäßen kann auf ein Alter von über zehntausend Jahren zurückblicken. Seit etwa 4000 v. u. Z. sind unabhängig voneinander bei den meisten Völkern Keramiktöpfe nachgewiesen. Vor der Erfindung der Töpferscheibe flocht man kleinere oder größere Körbe, dichtete sie außen und innen mit Lehm und ließ sie an der Sonne trocknen. Der große Bedarf an Töpfen führte dazu, daß man den Ton auf eine Scheibe legte, die man mit der Hand und später mit den Füßen in Drehung versetzte, so daß aus der Masse leicht gleichmäßige Töpfe geformt werden konnten, denen man zunächst nachträglich an der Oberfläche ein Korbmuster einprägte. Es ist ein gutes Beispiel dafür, daß man bei allen Erfindungen meist schrittweise vorgeht. So sahen auch das erste Auto und die ersten Eisenbahnwagen wie Pferdedroschken aus.

Bei den Ägyptern ist die Töpferscheibe seit 3000 v. u. Z., bei den Griechen seit 1800 v. u. Z. bekannt. Die Scheiben waren nicht sehr groß, so daß sie vom Töpfer meist selbst in Bewegung gehalten wurden. Diese Arbeitsmethode ist heute noch überall Brauch.

Große Töpfe erforderten selbstverständlich auch große Scheiben, denen eine Schwungmasse beigegeben wurde, damit die Drehzahl während der Formung einigermaßen erhalten blieb.

Abraham a Sancta Clara (1644 bis 1709) hieß vor dem Eintritt in den Augustiner Orden Ulrich Megerle. Er war ein berühmter Hofprediger in Wien und schrieb einundzwanzig Bücher, darunter das Buch „Etwas für alle, eine

„Der Töpfer" aus „Etwas für alle" von Abraham a Sancta Clara um 1699.

kurze Beschreibung allerlei Stands-, Amts- und Gewerbspersonen". Das Gewerbe schloß damals auch schon Dienstleistungen, also nicht nur das wertschaffende Gewerbe, mit ein. Dazu gehörten Einrichtungen wie Großwäschereien, die auch in unseren Tagen für Krankenhäuser, Hotels oder Kantinen von Bedeutung sind.

Das Waschen selbst konnte vor vierhundert Jahren noch von eigenem Personal vorgenommen werden. Es war auch aus hygienischen Gründen nicht immer ratsam, die Wäsche auszugeben, die meist auf Waschschiffen auf den Flüssen gereinigt wurden, welche zeitenweise die Träger von Pest und Cholera waren; denn eine Wasseraufbereitung oder Kläranlagen gab es noch nicht. Die hygienischen Zustände waren geradezu schauerlich. Das Nachtgeschirr wurde irgendwo entleert. Ein eigenes Klosett besaßen nur ganz wenige. Der Fluß diente als große Kloake. Behördliche Verordnungen verboten, wie zum Beispiel in Goslar, an den Tagen, an denen Bier gebraut wurde, die Notdurft in die Flüsse zu verrichten. Nun immerhin! Da wusch man die Wäsche lieber selbst, aber mit dem Plätten großer Wäschemengen wurde man nicht mehr fertig. So ist uns aus dem Jahr 1320 von Augsburg eine öffentliche Großmangel überliefert, zu deren Betreibung Göpel oder Treträder notwendig waren.

Vittorio Zonca nahm in seinem Buch „Novo Teatro di Machine", das nach seinem Tod 1607 herauskam, auch zwei Großmangeln auf.

Die Mangel arbeitete auf folgende Weise: Am oberen Ende der senkrechten Göpelwelle befinden sich zwei Zahnräder, die von einem Mann mit einer Stange verschoben werden konnten, so daß entweder das linke oder das rechte Zahnrad angetrieben wurde. Damit änderte sich die Drehrichtung der waagerechten Welle, die über ein Seil und zwei Flaschenzüge einen Wagen mit Wäsche auf Rollen hin- und herfuhr. Unter den Rollen befand sich die zu plättende Wäsche. Der Preß-

Wäsche-Großmangel mit Pferdegöpel nach Zonca, 1607.

109

Wäsche-Großmangel mit Tretrad nach Zonca, 1607.

druck kam von einem Stapel von Gewichten, Steinen oder halbtrockener Wäsche.

Die zweite Großmangel Zoncas wird von einem Tretrad betrieben, die sonstige Mechanik ist die gleiche. Jacques Besson (1488 bis 1569) aus Grenoble, Ingenieur und Professor der Mathematik, nahm sich in seinem Buch „Theatrum Instrumentarum et Machinarum" 1578 ebenfalls der Großmangel an.

Er nahm den Tiergöpel aus dem Mangelraum heraus und setzte ihn in einen oberen Stock.

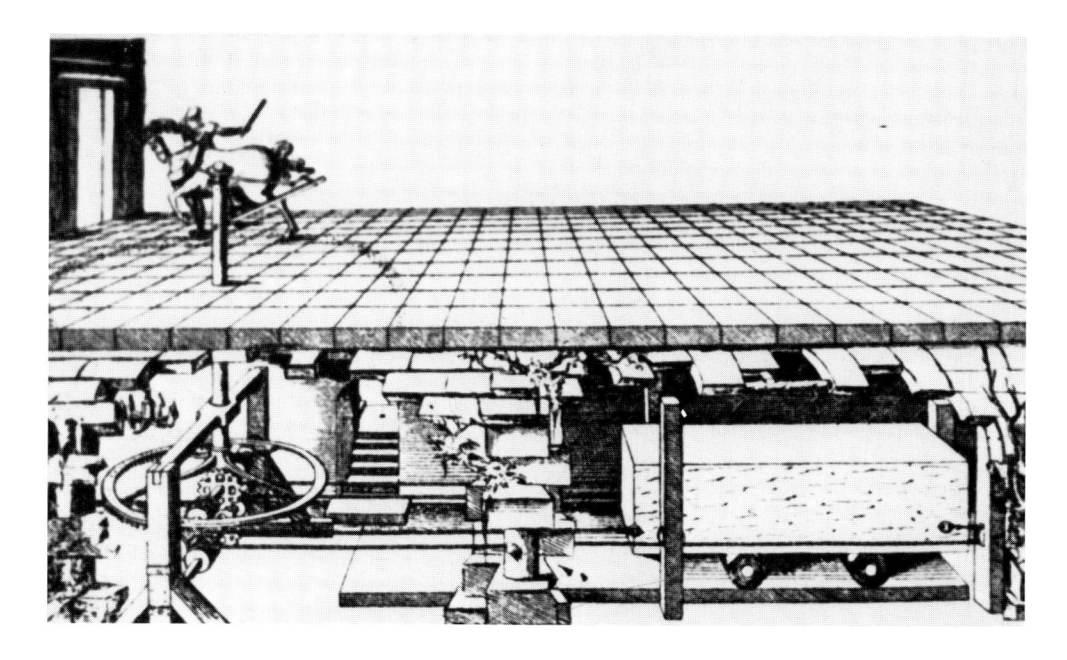

Mangel mit oberirdischen Göpelantrieb nach Besson, 1565. Das Mangelprinzip ist ähnlich wie bei Zonca.

Der Bergbau und die Muskelkraft

Eigentlich bedurfte die Menschheit zu keiner Zeit der Schätze der Erdrinde, wenn es sich um die lebenswichtigen Bedürfnisse handelte. Die Humusschicht mit allem, was darauf wächst, gibt ihm alles, was er zum Leben braucht, einschließlich dem Wasser. Noch heute leben viele Völker abseits jeder Technik in Zufriedenheit. Das Lachen dieser Menschen müßte uns überzeugen und nachdenklich machen.
Nur die Übervölkerung der Erde und die Besitzgier weniger machten den Griff in die Schatztruhe unter Tage schon sehr früh verlockend. Unsere Verschwendung und der grenzenlose Luxus, zu dem wir alle ein Recht zu haben glauben, zwingen uns, die Güter, die in fünf Milliarden Jahren entstanden sind, wie eine Räuberbande auszuplündern, als wenn wir vom Wahnsinn befallen wären. Was ramschen wir nicht alles zusammen! Wie gierig und unverantwortlich wir handeln, möge wieder eine kurze Rechnung zeigen: Setzen wir diese fünf Milliarden Jahre Entstehungszeit einem Tag gleich, dann werden wir alle Schätze der Erde in 1,23 Sekunden verpulvert haben. Und dann? Sind uns unsere Enkel schon so gleichgültig geworden?
Wie gering ursprünglich die Notwendigkeit war, Bergbau zu betreiben, ersehen wir aus der Art des Gutes, das gesucht und gefördert wurde. Es war das Gold, das an sich wertloseste Metall und zu kaum etwas nutze. Bis etwa 3000 v. u. Z. kann der Goldbergbau in Ägypten zurückverfolgt werden. Eine kleine Schicht kam dabei zu einem sagenhaften fiktiven Reichtum, deren Wert nur darin bestand, daß andere ihn auch haben wollten.
Nach dem griechischen Dichter Hesiod aus Askra um 700 v. u. Z. hat Zeus der Reihenfolge nach das goldene, das silberne und das eiserne Zeitalter geschaffen. In dieser Reihenfolge ist auch das Schicksal der Menschen nicht leichter, sondern schwerer geworden, und schon gar das des Bergarbeiters, über Jahrtausende hinweg.
Die Suche nach Silber gab im Altertum den zweiten Grund, Tausende von Menschen in engen Stollen unter unvorstellbaren Mühen in unwirtlichsten Verhältnissen zu Tode zu schinden, immer die Peitsche der Antreiber im Rücken. Es waren fast ausnahmslos Unfreie, Sklaven und Verbrecher, die im Liegen mit fünf bis zehn Kilogramm schweren Steinen die Wände und Decken der Stollen zerbröckelten, um sich mit Tagesleistungen von nicht mehr als einem einzigen Zentimeter in das Gestein hineinarbeiten zu können.
Man hat aus den Spuren entnommen, daß der jährliche Fortgang in den Stollen kaum zehn Meter betragen hat, obwohl ihr Quer-

Bergbau im 7. Jahrhundert v. u. Z. in Griechenland nach einer Tontafel, einer bemalten Weihetafel.

schnitt äußerst eng gehalten wurde, so daß sich die Sklaven gerade hindurchzwängen konnten. Im Bild befinden sich ein Hauer, ein Gehilfe und zwei Kinder, die die Bruchsteine zusammenklauben und wegtragen mußten. Die Amphore in der Mitte wird manchmal als Trinkwasserbehälter, aber auch als Öllampe gedeutet.

Plinius schrieb siebenhundert Jahre später, als sich an den Verfahren des Bergbaus praktisch noch nichts geändert hatte:

„Es werden Stollen (von Hand) in die Berge getrieben. Oft stürzten diese Stollen ein und begruben unter sich viele Arbeiter. Findet man sehr harte Steine vor, so versucht man sie durch Feuer und Essig zu sprengen. Weil der dabei entstehende Dampf und Rauch oft die Arbeiter erstickte, schlugen diese das Gestein lieber selbst in Stücke."

Zu Plinius' Zeiten erreichten die Stollen bereits Tiefen von zweihundert Metern unter der Erde. Das gebrochene Erz mußte wegen der engen Verhältnisse von Kindern nach oben geschleppt werden. Beim Abbau von Gold und Silber fand man auch Erze anderer Metalle wie Kupfer, Zinn, Blei und Eisen,

mit denen man unverzüglich die Waffen verbesserte.
Noch einmal begegnen uns hier unzählige Sklavenheere und deren schwer arbeitende Kinder. Sie wuchsen den Sklavenhaltern kostenlos als neue Arbeitskräfte zu. In den Silberbergwerken bei Laurion in Griechenland arbeiteten im 2. Jahrhundert v. u. Z. dreißigtausend Sklaven täglich zehn Stunden bei offenen Lampen. In einem römischen Silberbergwerk in Spanien waren es sogar vierzigtausend Sklaven.
Der griechische Historiker Agatharchides aus Knidos schilderte im 2. Jahrhundert v. u. Z. die Verhältnisse im Bergwerk:
„Das durch Feuer gelockerte Gestein wird von Zehntausenden dieser Unglücklichen mit dem Brechstab bearbeitet, indem sie ihren Körper jeweils der Lage des Gesteins anpassen, und die losgebrochenen Gesteinsbrocken auf den Boden werfen. Diese Arbeit verrichten sie ununterbrochen unter den unbarmherzigen Peitschen der Aufseher..."
Dies änderte sich in den nächsten fünfzehnhundert Jahren nur unwesentlich. Überschlägt man die Anzahl der Sklaven in den letzten fünftausend Jahren aufgrund von Berichten und Berechnungen, dann erscheint eine Summe von rund einer Milliarde Menschen als einigermaßen wahrscheinlich. Darunter befanden und befinden sich etwa zehn Prozent Kinder, also fünfzig Millionen Kinder, deren Los in den Bergwerken wohl das schrecklichste war. Alles in uns wehrt sich gegen solche ungeheuren Zahlen. Allein Julius Caesar verkaufte rund zweihunderttausend Gallier als Sklaven und wurde dadurch reich. Er war aber beileibe nicht der einzige. Alexander „der Große" (natürlich) hatte im 4. Jahrhundert v. u. Z. bereits einen traurigen Rekord aufgestellt. Im Jahr 168 v. u. Z. machte Rom in Makedonien in einer einzigen Stunde einhundertfünfzigtausend Menschen zu Sklaven. Die ägyptischen und kleinasiatischen Zahlen liegen in ähnlichen Größenordnungen. Der Hafen Chios war über viele Jahrhunderte der Hauptumschlagplatz für Sklaven, so wie Liverpool in der Neuzeit zwischen dem 15. und 18. Jahrhundert, wo aus Afrika mindestens siebzig Millionen Männer, Frauen und Kinder verschleppt und nach Amerika verkauft wurden. Erst die viel billigere und zuverlässigere Maschinenarbeit – eine beschämende Wahrheit – hat die Massensklaverei beendet, doch, wie wir wissen, bis in unsere Tage nicht vollständig. 1985 zählte Amnesty International weltweit noch einhundertfünfzigtausend Kinder, die Schwerstarbeit zum Teil in Bergwerken verrichten müssen. Hinter dieser Zahl verstecken sich auch versklavte Kinder. Erst im Jahr 1869 wurde von Bismarck ein Gesetz erlassen, das in Deutschland die Beschäftigung von Kindern unter dreizehn Jahren verbot.
Es hat immer Warner vor dem hemmungslosen Abbau der Erdschätze gegeben, der Stoffe und Energien in einer Menge freisetzt, die wir charakterlich nicht verkraften können.
Seherisch warnte Leonardo da Vinci vor fünfhundert Jahren:
„Von den Metallen: Es wird aus den dunklen und finsteren Höhlen etwas herauskommen, was die gesamte Menschheit in große Sorge, Gefahr und Tod bringen wird. Vielen seiner Anhänger wird es nach mancher Sorge Annehmlichkeiten schenken; und wer nicht sein Anhänger sein wird, muß in Not und Unglück sterben. Es wird unendlich viel Verrat erzeugen, es wird schlechte Menschen noch mehr zu Mord, Diebstahl und Unterdrükkung treiben. Es wird die freien Städte um ihr politisches Dasein bringen, es wird vielen das Leben nehmen und die Menschen untereinander durch Hinterlist, Betrug und Verrat

plagen. Oh, ungeheuerliches Wesen (das Metall), um wieviel besser wäre es für die Menschen, wenn Du zur Hölle zurückkehrtest! Durch seine Schuld werden die großen Wälder ihrer Pflanzen beraubt sein, durch seine Schuld unzählige Tiere das Leben verlieren." Es ist alles eingetroffen, aber wir sind verdammt zum Weitermachen, wenn auch nicht in dieser panischen Weise.

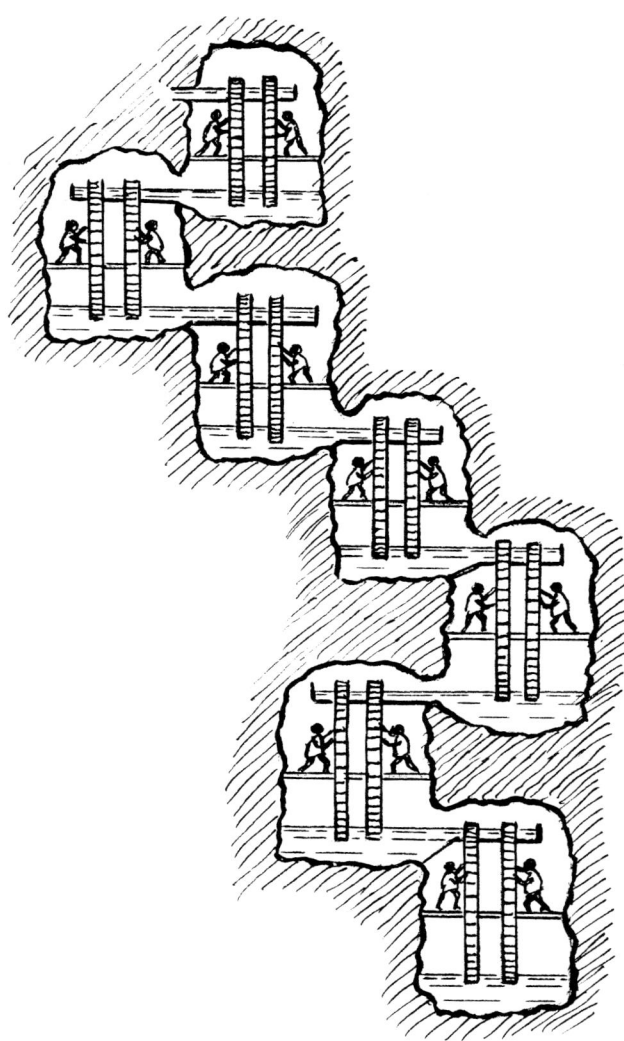

Grubenentwässerung mit Schöpfrädern aus dem 2. oder 3. Jahrhundert u. Z.

Mit dem vermehrten Erzabbau im 16. Jahrhundert stieg der Energiebedarf in den Gruben stark an. Je tiefer die Stollen getrieben wurden, desto größer wurden die Wassereinbrüche und desto mehr Frischluft mußte nach unten gebracht werden. Dafür stand fast als einzige Energie die Muskelkraft zur Verfügung. Die übliche Eimerkette, die von Hand zu Hand und von Höhe zu Höhe weitergereicht wurde, reichte bald nicht mehr. In größeren Tiefen sollen schon in den ersten Jahrhunderten u. Z. Schöpfräder, die von Sklaven gedreht wurden, eingesetzt gewesen sein.

Auf mehreren Stollen mit einem Höhenunterschied von etwa 2,5 Metern drehten sich auf Böcken gelagerte Schöpfräder, die einen Durchmesser von 3,6 Metern gehabt haben sollen. Diese Doppelräder wurden von je einem Sklaven von Hand angetrieben. Die Schöpfleistung eines jeden Räderpaares soll 85 Liter pro Minute betragen haben. Der Betrieb mußte ununterbrochen in Schichten Tag und Nacht aufrechterhalten werden. Die Anzahl der Arbeiter, die mit der Entwässerung der Stollen beschäftigt waren, überstieg nicht selten die Anzahl der Hauer und deren Hilfspersonal. So mühten sich in den Jahren 1515 bis 1554 im Silberbergwerk Schwaz in Tirol über sechshundert Mann rund um die Uhr damit ab, das zulaufende Wasser von etwa einem Liter pro Sekunde, das sind 3,6 Kubikmeter je Stunde bzw. 86 000 Liter pro Tag, mit Eimern aus dem Bergwerk zu tragen.

In der Bergwerksabteilung des Deutschen Museums in München ist eine Szene in einem Kohlenstollen nachgestellt, die die Entwässerung des Stollens, die sogenannte Heinzenkunst, zeigt. Ein Bergarbeiter treibt mittels eines Tretrades eine Ballenkette an. Die Bälle bewegen sich in einem Entwässerungsrohr, dessen Innendurchmesser den Bällen ent-

Grubenentwässerung mit Tretrad nach einem Modell im Deutschen Museum München.

Dreifachkolbenpumpe im Stollen mit Handbetrieb links mit Kreuzhaspel und rechts mit Kurbel nach Agricola, 1556.

spricht. Sie fördern dabei das Wasser im Paternoster-Prinzip nach oben. In tieferen Schächten wiederholen sich die Anlagen in verschiedenen, übereinanderliegenden Stollen.

Mit der Grubenentwässerung steht und fällt in fast allen Bergwerken der ganze Abbaubetrieb. Solange es möglich war, behalf man sich in den Stollen mit Menschenkraft an Kurbeln und Haspeln, denn Tiere erfordern unter Tag sehr viel mehr Raum und weite Schächte.

Auch Ställe mußten meist unter der Erde gebaut werden, da es oft nicht möglich war, die Pferde nach jeder Schicht ans Tageslicht hochzubringen. Für die Pferde begannen böse Jahrhunderte. Die Tiere aber brachten mehr Energie in die Bergwerke, und so mußten auch die Fördermittel für das Wasser verbessert werden. Die Zeit der Eimerketten war vorbei. Die schon über zwei Jahrtausende alte Kolbenpumpe löste sie ab.

Die Mechanik war noch recht umständlich. Die von den Arbeitern angetriebene Welle hatte drei Querhölzer, desgleichen die drei Kolbenstangen, die von den Querhölzern der Welle nacheinander hochgehoben wurden. Dabei saugten die Kolben Wasser aus dem unteren Stollen an und beförderten es in eine Querrinne des oberen Stollens, von wo es entweder abfloß oder einen neuen Sumpf auf höherer Ebene bildete, aus dem das Wasser durch eine weitere Pumpe wieder um eine Ebene höhergepumpt wurde. Mit der Kurbel sollte hauptsächlich die Welle in Bewegung gehalten werden. Die Hauptlast lag bei dem Mann an der Haspel, der den Pumpenwiderstand überwinden mußte. Haspeln verwendete man immer da, wo es sich um die Überwindung großer Kräfte handelte. Es war Schwerstarbeit.

Georg Bauer (1494 bis 1555), der sich zeitgemäß Georgius Agricola nannte, studierte Theologie, Philosophie und Medizin. Nach dreijähriger Tätigkeit als Stadtarzt widmete er sich zunehmend dem Hüttenwesen, dem Bergbau und den Menschen, die dort arbeiteten, sorgte für bessere Belüftung der Stollen und entwarf eine Reihe von Göpeln und anderen Muskelkraftmaschinen. Über zwanzig Jahre arbeitete er an seinem Werk „De re metallica", das aus zehn Büchern bestand und mehr als zweihundertachtzig Holzschnitte enthielt. Die Anfertigung der Abbildungen verzögerte die Herausgabe so sehr, daß das Buch erst ein Jahr nach dem Tod des Autors erscheinen konnte. Es wurde für Jahrhunderte zum Standardwerk. Mit den vielen Maschinen, die Agricola entwarf, wollte er nicht nur den Bergbau modernisieren, sondern auch die neuen Muskelkraftmaschinen erleichtern; denn kaum ein Bergmann erreichte damals ein Lebensalter von dreißig Jahren. Wo es ging, verlegte er die Göpel, Treträder und Haspeln nach oben an die frische Luft.

Es wird hier offensichtlich dargestellt, daß die Arbeit im Freien geschieht und daß für die Ablösungsmannschaft eine Ruhebank zur Verfügung steht. Auch eine ordentliche Kleidung erschien Agricola wichtig. Das alles mindert natürlich nicht die Schwere der Arbeit, aber sie wurde durch Agricola etwas erträglicher.

Doch mit zunehmender Teufe kam auch Agricola nicht am Tretrad vorbei, das allerdings keine größere Plage als die Kurbel oder gar die Haspel sein mußte.

Für extrem kleine Wassermengen genügte auch eine Schwengelpumpe, wie sie bis heute

Grubenentwässerung mit Kettenkorb, Förderbällen, Getriebe und Kreuzhaspel nach Agricola, um 1556.

noch auf vielen Bauernhöfen in aller Welt anzutreffen ist.

Wie der Holzschnitt zeigt, werden hier beim Pumpen nicht nur beide Arme, sondern der ganze Körper benötigt. Um die Bewegungen in waagerechter Richtung ausführen zu können, wurde ein Winkel zwischen die Kolbenstange und den Schwengel geschaltet. Damit werden die Bewegungen körpergerechter. Die Kleidung des Bergmanns ist durchdacht. Feste Stiefel, eine Kapuze, die sich Jahrhunderte bewährt hat, und eine Jacke, die hinten über die Hüfte reicht. Arbeitete man unter freiem Himmel, wurde sie natürlich ausgezogen. Sicher ist die gezeigte Ausstattung bei weitem nicht die Regel gewesen, aber sie sollte wenigstens gezeigt werden.

Wenn die Wassermengen nicht zu groß waren, die Förderhöhen aber etwa zwanzig Meter überstiegen, wurden statt Kolbenpumpen

Dreifachballenpumpe mit Tretrad zur Entwässerung nach Strada a Rosberg, 1617.

Entwässerungspumpe mit einem Schwengel nach Agricola, 1556.

Grubenentwässerung mit einer Eimerkette und einem Tretrad für zwei Mann nach Agricola, 1556.

besser Eimerketten eingesetzt. Bei einer solchen Anlage war es oft möglich, den Antrieb in die Nähe der oberen Frischluftzufuhr zu verlegen. Mit der Zahl der Eimer erhöhte sich auch die Fördermenge. Dann reichte keine Kurbel mehr aus. Es mußte ein Tretrad eingesetzt werden, dessen Welle durch die grobe Kette stark angegriffen wurde. Das Bild zeigt deshalb im Stollen einen Zimmermann für die laufenden Reparaturen. Das Gerassel der Ketten muß ohrenbetäubend gewesen sein.

Grubenentwässerung mit Pferdegöpel nach Agricola, 1556.

Agricola setzte, wenn es sich um größere Anlagen handelte, grundsätzlich zwei Personen im Tretrad ein, um Überforderungen zu vermeiden.

Mit den zunehmenden Teufen spitzte sich das Problem der Entwässerung so zu, daß mit der Zeit umfangreiche Pferdegöpelanlagen eingesetzt werden mußten. Agricola beschreibt eine solche Anlage in allen Einzelheiten, Abmessungen und Konstruktion für ein Gespann von acht Pferden. Dazu mußten zweiunddreißig Pferde vorgehalten werden. Die oberirdische Göpelfläche hatte einen Durchmesser von sechzehn Metern. Eine fünfzehn Meter lange Vierkantwelle (A) treibt ein Kammrad C an, das über ein Ritzel eine Trommel (F) bewegt und die Bälle (H) aus dem Rohr zieht. Das gehobene Wasser fließt über einen Graben ab.

Auch hier ging es Agricola darum, die Arbeit soweit wie möglich über die Erde zu verlegen. Mit dieser Anlage wurde das Grubenwasser achtzig Meter hochgehoben. Das dürfte aber wohl das äußerst Mögliche gewesen sein. Agricola berichtet, daß in seiner Zeit in den Karpaten das Grubenwasser aus einer Tiefe von zweihundertfünfundzwanzig Metern in drei Stufen übereinander mit einem Pferdegöpel nach oben gefördert wurde. Die drei Göpel lagen auf drei verschiedenen Höhen im Bergwerk. Die Anlage erforderte eine Vorhaltung von sechsundneunzig Pferden. Dazu kamen noch viele Pferde unter Tage für die Erzförderung nach oben. Dies war einer der Gründe, warum fieberhaft nach anderen Energiequellen gesucht wurde. Wasser- und Windkraft wurden, wo immer es möglich war, eingesetzt. Doch die große Hilfe, die Dampfmaschine, ließ noch einhundertfünfzig Jahre auf sich warten, und so blieb es bei den Muskelkraftmaschinen mit Mensch und Tier im Joch. Geblendete Pferde und zwangsverpflichtete Menschen ächzten in den immer tiefer liegenden Stollen der Bergwerke. Zu der schwieriger werdenden Entwässerung der Gruben traten höhere Aufwendungen für die Bewetterung der Stollen und Schächte hinzu, und nicht zuletzt für das Hochbringen der großen Mengen der Erze und des Abraumes. Und das alles mit Händen und Füßen, Kurbeln, Haspeln, Schwengeln, Göpeln, Treträdern und nicht zuletzt mit Traggestellen auf den Rücken der Menschen und der Tiere.

Das Problem der Versorgung mit Atemluft stellte sich schon sehr früh, sobald man den reinen Tagebau verließ. Die ganze Bewetterung der Frühzeit bestand zweieinhalbtausend Jahre daraus, daß man von den Schächten her mit nassen Tüchern Frischluft in die Stollen wedelte, wie es uns Plinius noch im ersten Jahrhundert u. Z. übermittelt. Selbst Agricola zeigt noch diese Möglichkeit in seinem Bild für einen halboffenen Stollen. Diese Methode reichte aber nie aus, sondern linderte nur in geringem Maß die Atemnot der Bergleute. Seit etwa 1500 v. u. Z. wurde hie und da schon ein Blasebalg, wie er von der Holzkohlenherstellung bekannt war, verwendet. Agricola griff wieder auf die Blasebälge zurück und entwickelte brauchbare Antriebsmechaniken dazu. Er war zwar nicht der Erfinder, doch er verbesserte sie und paßte sie an den höheren Luftverbrauch an.

Das Bild zeigt die Einzelteile der Bewetterungsmaschine und deren funktionsfähige

Bergwerksbewetterung mit handbetriebenem Blasebalg nach Agricola, 1556.

Drei Bewetterungsbeispiele in verschiedenen Stollen nach Agricola, 1556.

Zusammenstellung mit einem Knüppelantrieb durch einen Arbeiter. Hier wird die neue, wesentliche Erkenntnis sichtbar, daß es viel günstiger ist, die schlechte Luft aus den Stollen und Schächten herauszusaugen und nach außen abzugeben als Frischluft in das Bergwerk einzublasen, wo sich ein geschlossener Strahl durch das Bergwerk bilden würde und die Nebenstollen kaum belüftet würden. Im Hintergrund des Bildes befindet sich ein Förderschacht mit Winde. Der schwächste Punkt der Anlage ist der Mann am Blasebalg, den er kaum länger als eine Stunde bedienen konnte. Es bedarf in jeder Schicht wohl etwa vier Personen, also rund um die Uhr mehrerer Arbeiter je Blasebalg, von denen es sicher einige gibt. Von der Luftgüte hängt nicht nur die Sicherheit der Grube hinsichtlich möglicher Schlagwetter ab, sondern ganz allgemein die Gesundheit der Menschen unter Tag. Das alles gilt ganz besonders für Zinnbergwerke, in denen ein Arbeiter kaum zehn Jahre Arbeit unter Tag überlebte.

Für eine größere Grube führt uns Agricola eine größere Bewetterungsanlage in drei übereinanderliegenden Stollen vor.

Im obersten Stollen werden zwei gegenläufige Blasebälge über einen Hebelmechanismus von einem Pferdegöpel betrieben. Im Stollen darunter tritt ein Pferd eine Trettrommel von außen, die ebenfalls Blasebälge in Gang bringt. Diese Art des Tretens erfordert fast eine Dressur des Pferdes und dürfte in dieser Art kaum angewendet worden sein. Im untersten Stollen treten zwei Männer über Pedale zwei Blasebälge. Die Abluft verläßt durch ei-

Grubenbewetterung nach Löhneyß, um 1690.

nen alten kleinen Stollen das Bergwerk. Für diese Dreifachanlage werden acht Pferde und etwa zwanzig Männer für die Blasebälge benötigt, dazu noch Ställe für die Pferde unter Tag und einige Roßknechte.

Der technische Schriftsteller und Enzyklopädist G. E. Löhneyß zeigt in seinem Buch „Vom Bergwerk" eine Bewetterungsmaschine mit zwei Blasebälgen, die von je einem Mann im Gegenstrom betrieben werden. Die Anlage ist überdacht und im Freien. Langsam setzte sich die Auffassung durch, daß jede Anlage und jeder Mensch, der nicht unbedingt unter Tag arbeiten muß, in der freien Luft tätig sein sollte.

Um die Frischluftmenge zu steigern, bediente man sich der neuen aerodynamischen Lüfter. Ohne diese kontinuierlich arbeitenden Ventilatoren wären die Luftprobleme weder technisch noch wirtschaftlich zu lösen gewesen. Vermutlich besann man sich des Systems der Windradflügel, die ja nur einen umgekehrt wirkenden Ventilator darstellen. Sie waren damals schon in jeder gewünschten Größe herzustellen. Man mußte sie nur mit einem Gehäuse mit Ansaug- und Abluftöffnungen versehen. Als Ventilatorflügel verwendete man genau wie beim Windrad zunächst gerade Bretter, die an einer Holzwelle befestigt waren. Das Gehäuse hatte zu Anfang eine rechteckige Kistenform, wurde aber bald rund ausgeführt, um Wirbel zu verhindern. Der Antrieb erfolgte meist mit Kurbeln und Haspeln; wenn möglich, überließ man ihn aber der Wasser- und Windkraft, denn die Bewetterung der Schächte und Stollen mußte ununterbrochen erfolgen.

Diese Maschinen waren der Beginn der Großentlüftung mit Ventilatoren. Sie sind laufend verbessert worden. Ohne sie wäre der weitere Ausbau des Bergwerkwesens nicht möglich gewesen.

Bewetterungslüfter nach Agricola, 1556.

Das gilt genauso auch für den Transport innerhalb der Grube und nach außen. Denn mit der Arbeit des Hauers im Stollen allein ist es noch nicht getan. Erz, Kohle und Abraum des Gesteins müssen in demselben Maß abgefahren werden, wie sie anfallen.

Über Jahrtausende war es die Aufgabe von Kindern, das gesamte Material wegzuräumen und nach oben zu befördern, da mit den unzulänglichen Werkzeugen nur ganz enge Stollen und Schächte ausgehauen werden konn-

Schieben der Hunde in einem schottischen Kohlenbergwerk durch Kinder um 1840.

ten. Das Hauen mußte im Liegen ausgeführt werden, wie auch die Transporte, die nur kriechend möglich waren und häufig von Kindern zwischen fünf und vierzehn Jahren erledigt werden mußten.

Als Hunde bezeichnet man kastenähnliche Rollwagen. Die kleinsten Kinder saßen hinter einer Schiebetüre, die sie nur während der Durchfahrt öffneten, um die Gefahren von Schlagwettern auf ein Minimum zu mindern. Die etwas älteren Kinder klaubten das Brechgut auf und warfen es in die Hunde, die größten Kinder schoben die Rollwagen aus den Stollen. Die Kinder hatten die gleiche Arbeitszeit wie die Erwachsenen, nämlich zwölf bis vierzehn Stunden am Tag. Sie wurden mit einer primitiven Seilwinde ein- und ausgefahren. Das erledigten meistens die Mütter, so wußten sie wenigstens, daß ihre Kinder gut unten angekommen waren.

Das Bild gibt uns eine kleine Vorstellung von den sozialen und arbeitsmäßigen Verhältnissen bis in den Anfang unseres Jahrhunderts hinein. Gegenüber diesen Schicksalen sind wir geradezu „unanständig" reich und sorgenfrei.

Das Ausfahren des Haumaterials und die Förderung nach oben bedurfte wegen der sehr großen Mengen und enormen Gewichte einer nicht geringen Organisation und eines umfangreichen Maschinenparks. Die meisten Maschinen wurden ausschließlich mit Muskelkraft betrieben; Maschinen wiederum, die jeweils an die örtlichen Verhältnisse angepaßt waren.

Die ältesten Geräte für die Förderung des Gutes waren Körbe, die entweder von Hand zu Hand oder mit Seilen hochgezogen wurden. Das galt für die Zeit von etwa 2000 v. u. Z. bis ungefähr 1000 u. Z.

Die Winde am oberen Ende des Schachtes dürfte zweitausend Jahre alt sein. Sie ist in Einzelfällen heute noch nicht abgeschafft oder überholt. Agricola unterscheidet fünfer-

Einfahrt von Kindern in die Bergwerkstollen um 1840.

Erzförderung mit Winden mit je zwei Kurbeln nach Agricola, 1556.

lei Winden für die Förderung von Erzen und bringt in seinem Buch eine Reihe von Beispielen; darunter befindet sich die einfache Winde mit zwei Kurbeln und einer Seiltrommel, bei der das Seil in der Mitte der Trommel befestigt ist und gegenläufig aufgewickelt wird, so daß das eine Ende des Seiles sich nach oben und das andere Ende sich nach unten bewegt.

Bei großen Tiefen und schweren Seillasten reicht das Drehmoment eines Menschen an der Kurbel nicht mehr aus, so daß man auf Haspeln ausweicht, aber schon auf Treträder übergehen mußte, weil die Armkraft schon weit überfordert ist und keine brauchbaren Drehzahlen der Winde erreicht werden. Zunächst wird man sich erst einmal mit zwei Kurbeln an einer Winde behelfen.

Insgesamt acht Menschen, die einander ablösten, waren erforderlich, um eine Winde dieser Bauart rund um die Uhr in Betrieb zu halten.

Das Buch „De re metallica" enthält noch weitere Materialaufzüge auch mit Überdachungen. Man spürt bei Agricola, daß er sich um die Gesundheit des Personals sorgte, wenn er ihnen auch die Schwerarbeit nicht abnehmen konnte.

Schon im 16. Jahrhundert verlangten die großen Erzförderungen leistungsfähigere Förderanlagen, die zu den räumlich bescheidenen Tretscheiben führten. Auch das Standardwerk Agricolas bringt dafür Vorschläge, die nicht alle hier vorgestellt werden sollen. Gleichzeitig mit den Tretscheiben wurden Untersetzungsgetriebe hinzugefügt, durch die die Seillasten noch weiter erhöht werden konnten. Das brachte auch eine spürbare Personaleinsparung ein, da die Beine weniger schnell ermüdeten als die Arme. Weil die Beinarbeit das Sechsfache der Handarbeit beträgt und eine Getriebeuntersetzung von z. B. 3:1 die mögliche Seillast verdreifacht, erhält man die achtzehnfache Leistung pro

Mann gegenüber einem Handantrieb. Dadurch konnte auch die Zahl der Lastaufzüge verringert werden.

Man benötigte zudem weniger Aufzugsschächte, die ja mit Handarbeit ausgehauen werden mußten und Monate, wenn nicht Jahre Bauzeit erforderten.

Die beiden Männer an der Tretscheibe konnten sich mittels der Haltestange besser gegen die Sprossen der Tretscheibe abstützen. Zur Änderung der Hubrichtung der Förderkörbe wurde die Tretscheibe in entgegengesetzter Richtung bewegt.

Aber auch die verbesserte Förderung durch die Tretscheibe reichte schon im 15. Jahrhundert nicht immer aus, um die Erzmengen zu Tage zu fördern. Die sogenannte Roßkunst mußte einspringen.

Auch hier hat Agricola eine wichtige Neuerung eingeführt, zumindest zum Allgemeingut gemacht. Je größer die Körbe und damit die zu fördernden Gewichte wurden, desto mehr wuchs die Gefahr, daß die Hubgeschwindigkeiten sich selbständig machten. Außerdem bestand durch den Einsatz von Pferdegöpeln außerhalb des Bergwerkes keine Sicht- oder Sprechverbindung mehr, so daß die Körbe kaum noch an der richtigen Stelle angehalten werden konnten. Ein Bremser mußte vor Ort das Anhalten der Körbe veranlassen. Als Bremse diente eine Bremstrommel auf der Förderwelle. Der Bremsklotz lag unterhalb der Trommel und wurde über ein Gestänge, das zum Bremser führte, von diesem mehr oder weniger gegen die Bremstrommel gedrückt.

Die Bremstrommel mit einem Bremsklotz, der über ein Gestänge dosiert bedient wird, ist der gut durchdachte Vorläufer unserer heutigen Fahrzeugbremsen, die früher mit Seilzügen und nunmehr mit Öldruck betätigt werden.

Jede handwerkliche Tätigkeit nannte man früher eine Kunst, und sie war es auch meist. Was wir heute als Kunst bezeichnen, galt umgekehrt früher als Handwerk. Dementsprechend galt der Künstler auch gesellschaftlich nur als Handwerker. Das änderte sich erst, als der Adel und der Kaufmann reich genug

Erzförderung mittels einer Tretscheibe mit zwei Mann nach Agricola, 1556.

wurden, um ihre Behausung mit Kunstgegenständen und Bildern hohen künstlerischen Grades auszuschmücken in der Lage waren.

Mit der Literatur war es ähnlich. Es kam nicht oft vor, daß handwerkliche Geräte Eingang in Bücher fanden. So ist es schon ein Glücksfall, daß wir in dem sogenannten „Kuttenberger Graduale", also dem zweiten Gesang der katholischen Liturgie, die in Kuttenberg in Böhmen 1495 bebildert gedruckt wurde, ein Pferdegöpel für die Erzförderung finden. Der Roßgöpel wird hier mit acht

mindestens sechzig bis achtzig Pferde vorgehalten werden. Der gesamte Pferdebestand belief sich wohl auf weit über einhundert Tiere.
Aus dem Ende des 17. Jahrhunderts hat uns Löhneyß in seinem Bericht „Vom Bergwerk"

Roßkunst mit zwei Pferden und Bremse für den Förderbetrieb nach Agricola, 1556.

Roßgöpel im Erzbergbau nach dem Kuttenberger Graduale um 1495.

Pferden betrieben. Ein Schilfdach sorgte für den Schatten für die Tiere. Daneben befanden sich noch Förderwinden und Waschanlagen für das Erz. Bei den vielen Körben handelte es sich um Weidenkörbe.
Aus Kuttenberg bringt sechzig Jahre später das Schwazer Bergbuch eine Zeichnung über die dortige Erzförderung mit einem Schrägaufzug, dessen Kettenwinde von einem Göpel mit zwanzig Pferden und großen hölzernen Zahnkränzen, ebenfalls mit einer Bremse ausgestattet, betrieben wird. Dazu mußten

eine Roßgöpelanlage mit acht Pferden überliefert, an die die Stallungen der Pferde direkt angebaut waren. Ein Modell im Deutschen Museum in München gibt uns eine Vorstellung davon.
Im Hintergrund befindet sich eine Windmühle über einem Schacht zur Grubenentwässerung. Löhneyß hatte in halber Höhe des Göpelmastes Seilrollen mit senkrechter Achse vorgesehen, aber diese mit Ketten anstatt mit Seilen umwickelt. Ketten halten jedoch nur auf Rollen mit waagerechter Achse, da ihr

125

Förderanlage des Bergwerkes Kuttenberg mit zwanzig Pferden aus dem Schwazer Bergbuch um 1555.

Pferdegöpel mit Stallungen für die Erzförderung nach Löhneyß um 1690.

Gewicht zu groß ist, um allein aufgrund der Reibung an der Rolle zu halten.

Auf die Bergwerksarbeit selbst, die sehr vielfältig ist, kann hier unmöglich eingegangen werden. Uns sollen hier die Arbeiten interessieren, von denen wir wissen, daß sie nur mit Muskelkraftmaschinen erledigt wurden und von denen wir bildliche Darstellungen besitzen. Man kann wohl davon ausgehen, daß alle Schwerarbeiten, mit Ausnahme die der Hauer und seines Hilfspersonals, mittels Göpel, Tretmaschinen oder anderer Muskelkraftmaschinen erledigt werden mußten.

Wir müssen ferner annehmen, daß die Anzahl des Personals, das nur seine Energie einbrachte, sowie des anderen Hilfspersonals, wie Träger, Transportpersonal, Treiber, Stallknechte und Handlanger, mindestens zehnmal so groß war wie die Zahl der Stollenhauer nebst Gehilfen. An diesem Heer von Arbeitern für Entwässerung, Bewetterung und Förderung wäre zu Anfang des 16. Jahrhunderts sogar der reiche Fugger beinahe finanziell gescheitert.

Wenn das Erz aus der Mine gefördert ist, beginnen das Zerkleinern und das Waschen der Erzbrocken. Beide Arbeiten verlangen einen hohen Energieaufwand, so daß wiederum die Muskelkraftmaschinen einspringen mußten.

Ein Teil der Erze von Nichteisenmetallen, wie Zinn und andere, wird zerstoßen oder gebrochen, dann grob und zuletzt fein zu Mehl gemahlen, um es endlich auszuwaschen.

Auf einem einzigen Bild hat uns Agricola vier Mühlen zusammengestellt, die für den Fortgang der Zerkleinerung notwendig sind. Im Hintergrund erleichtert eine Windmühle die Arbeit der Menschen, indem sie das gröbste Gut bricht. In der Grube (rechts unten) zermahlen zwei Personen mittels einer Tretscheibe das graupengroße Gut auf Sandstärke. In der Mitte (unten) treiben zwei Ziegen in einem Innentretrad einen Mahlgang an, in dem das sandgroße Gut auf Mehlstärke gebracht wird. Meist werden das wohl Menschen getan haben. Die Überlieferung ist zu dünn, um beurteilen zu können, inwieweit Ziegen einsetzbar sind.

Das Auswaschen des Erzschlammes verbrauchte sehr viel Wasser, das ebenfalls erst gepumpt und herangeführt werden mußte. Die Energie dafür kam meist von Tiergöpeln. Selbst die reichen Diamantminen in Südafrika mußten sich bis in den Anfang des 20. Jahrhunderts mit Pferdegöpeln behelfen. Ganze Felder von Waschanlagen beherrschen die Umgebung von Diamantminen. Auf der Teilansicht finden wir schon etwa zwanzig Anlagen.

Das Kapitel über den Bergbau hat mit der Feststellung begonnen, daß die Menschheit eigentlich für ihre Grundbedürfnisse den Bergbau nicht nötig hätte. In der Frühzeit stand der geringen Anzahl von Menschen ein praktisch unendlich großes Angebot von Nahrung und Werkstoffen zur Verfügung. In den letzten zweitausend Jahren hat sich aber

Verschiedene Erzmühlen im Bergbauwesen nach Agricola, 1556.

Pferdegöpel für eine Diamantwaschanlage in Kimberley in Südafrika um 1874.

die Bevölkerungszahl etwa verhundertfacht. Damit hat sich der Zwang ergeben, mit Zusatzenergien jeglicher Art die Nahrungs- und Rohstoffmengen drastisch zu erhöhen.

Wir versuchen den ständig wachsenden Ansprüchen einer wachsenden Bevölkerung dadurch zu begegnen, daß wir die Notwendigkeit eines stetigen Wachstums der Produktion

Teilansicht der Waschanlagen der Diamantminen bei Kimberley in Südafrika um 1874.

zum Lehrsatz erheben, obwohl wir klar erkennen müssen, daß wir die Natur bis an den Rand der Lebensfähigkeit belasten und den hungernden Kontinenten doch nur schwerpunktmäßig, aber nicht grundsätzlich und auf die Dauer, helfen können. Mit den neuen Götzen der Wissenschaft glauben wir, uns den ehernen Gesetzen der Natur entziehen zu können, und erlauben uns, die Arbeit computergesteuerten Robotern überlassen zu können. Man hat die Wissenschaft aus ihren kühlen Schatten (Nietzsche) herausgeholt und sie zum Deus ex machina gemacht. Der Politiker glaubt, alles versprechen zu müssen: Kinderzahl nach Lust, billige Nahrung und mehr Energie bei gesunder Umwelt, preiswerte Massenartikel, mehr Luxus, weniger Arbeitszeit, Arbeitsgarantie für Männer und Frauen und vor allem Fortschritt, was immer auch das sein soll. Ist das nicht ein bißchen viel für Wissenschaft und Technik?

Zu all dem müssen natürlich die Erdschätze beitragen, die bald ihrem Ende entgegengehen. Der Bergbau geht seiner letzten Blütezeit zu. Weltweit werden heute (1987) über zwanzig Milliarden Tonnen Steinkohleeinheiten, ob Öl, Gas oder Kohle, aus der Erde bergmännisch fast nur für Energiezwecke gefördert. Wir bohren in den Meeren bis zu zehntausend Meter tief nach Öl, klauben die Meeresböden nach Mineralien ab und machen uns an die letzten Reserven, die der Südpol birgt, heran: Der Bergbau als Vollstrecker der Panik ist wohl das letzte, was wir uns wünschen dürfen. Er wird es kaum hundert Jahre durchstehen. Das heißt aber nicht, daß wir uns das auch leisten können.

Aus den ersten Goldminen zugunsten ganz weniger Menschen ist ein Ausverkauf der Erde geworden. Und die Erde wird weiter ausgeplündert, wenn wir nicht den unnötigsten Dingen des Lebens entsagen wollen. Auch beim Bergbau gilt die Regel, daß man ungestraft nicht mehr entnehmen darf, als man es mit den eigenen Kräften ohne Fremdenergie kann. Sonst ist die Bilanz nicht ausgeglichen. Eine schuldenlastige Bilanz führt aber für jedes System, auch für die Natur, zum Konkurs. Eigentlich wäre uns nur die Muskelkraft erlaubt. Sie zerstört kein Gleichgewicht. Doch diese Wahrheit haben wir zur weltfernen Philosophie verurteilt.

Das Bauwesen und die Muskelkraftmaschinen

Der Zubringerdienst von Baumaterial direkt zur Baustelle und dort in das zukünftige Gebäude bis zum obersten Stockwerk beschäftigte bis in unser Jahrhundert hinein den überwiegenden Teil der Arbeiter auf der Baustelle. Der Zubringerdienst mußte reibungslos funktionieren. Bereits in der Antike wurde über Wege von Hunderten von Kilometern das Baumaterial termingerecht angeliefert. Die Zeiten mußten präzise eingehalten werden, unabhängig davon, wie schwierig die Strecke war und welche Hilfsmittel zur Verfügung standen. Die Großbauten der Antike waren Generalstabsleistungen ersten Grades, deren Zeitplan mit den härtesten Mitteln eingehalten wurden. Rollen aus Baumstämmen und der Hebelarm waren die einzigen Hilfsmittel neben der Muskelkraft von Tieren und Tausende Sklaven mit Seilen. Die Macht der Herrschenden stellte sich zu allen Zeiten in überzogenen Baudenkmälern dar. Und so ist die Erde voll von Nutz-, Zwing- und Prachtbauten oder Sakralbauten, die zum sichtbaren Ausdruck der Kulturen der Völker wurden. Wir bewundern sie nach Jahrtausenden noch, ohne zu ahnen und wissen zu wollen, wie unendlich die Opfer der Menschen waren, die sie errichteten.

Der privaten Wohnmöglichkeiten der Menschen haben sich die Staaten Jahrtausende nicht angenommen. Das einfache Volk zimmerte sich außerhalb der Städte oder an deren Rändern notdürftige Verschläge zusammen, die den heutigen Slums am Rand der Großstädte auf der halben Welt wohl sehr ähnlich waren. Diese primitiven Hütten drangen zeitweise bis in die Gassen nahe des Stadtkernes vor und wurden die Brutstätten für Schmutz, Ratten, Pest, Typhus, Schwindsucht, Not und Aufruhr. Wie sich doch die Zeiten gleichen! Sie wurden zu Geschwüren der Großstädte, die man von Zeit zu Zeit einfach abbrannte, um der Seuchen Herr zu werden. Sie störten außerdem die Stadtplanung, zum Beispiel auch der römischen Kaiser: Kaiser Nero (37 bis 68 u. Z.) ließ im Jahr 64 die Slums von Rom anzünden. Es hatte nichts mit Christenverfolgung zu tun. Rom war damals schon eine Stadt mit über einer Million Einwohnern. Der gehobene Mittelstand und die reichen Bürger ließen ihre Villen außerhalb der Stadt von namhaften Architekten bauen. Im 2. Jahrhundert u. Z. zählte Rom anderthalb Millionen Einwohner und sechsundvierzigtausend große Mietshäuser bis zu zwanzig Meter Höhe, bei denen die ersten Baukräne mit Muskelantrieb eingesetzt wurden.

Die frühen Großbauten, wie die ägyptischen Pyramiden, die sich bis zu einhundertsechzig Meter hochtürmen und aus Quadern bestehen, die über zwei Tonnen wiegen, mußten allein mit Menschenkraft und Hebelarm gebaut werden. Es waren rund achtzig Pyramiden in Ägypten, deren älteste, die Pyramide von Sakkara, um 2600 v. u. Z. von Imhotep für den König Djoser errichtet wurde. Die einzige verwendete Energie war die Kraft von annähernd hunderttausend Arbeitern, von denen etwa dreißigtausend umkamen. Es waren Sklaven.

Kingsland schätzt die Bauzeit der Pyramide von Sakkara auf ungefähr zwanzig Jahre, in denen die 2,3 Millionen Steinblöcke hergestellt, transportiert und aufgestellt wurden. Das ergibt bei einer Tagesarbeit von zwölf Stunden eine Tagesleistung von 328 Quadern, also siebenundzwanzig Stück je Stunde. Das ist nur möglich, wenn eine sehr große Anzahl von Menschen über die ganze Baustrecke von über hundert Kilometer Länge nach einem genauen Zeitplan, für Steinbrucharbeiten, Transport, Steinmetzarbeiten und Aufbau zur Pyramide zugleich an verschiedenen Stellen nach Plan arbeiten, damit sich die einzelnen Arbeitsgruppen nicht gegenseitig störten. Zum Schluß mußte alles auf wenige Millimeter zusammenpassen. Auf jeden Facharbeiter kamen etwa dreißig Hilfsarbeiter, bei denen nur deren Muskelarbeit gefragt war. Es war nicht nur eine Generalstabsarbeit höchster Qualität, sondern eine unglaubliche Schinderei unter Zeitdruck bei allen Arbeitsgängen zurück bis zum Steinbruch.

Ein anderer jüngerer Großbau, der aber nicht zu den sieben Weltwundern gehört, geriet in den Zwist zwischen Juden und Assyrern und wurde zum Symbol der Zerrissenheit der Menschen:

„Und sie sprachen untereinander: Wohlauf, laßt uns Ziegel streichen und brennen. Und sie nahmen Ziegel zu Stein und Erdharz zu Kalk. Und sie sprachen, laßt uns eine Stadt und ei-

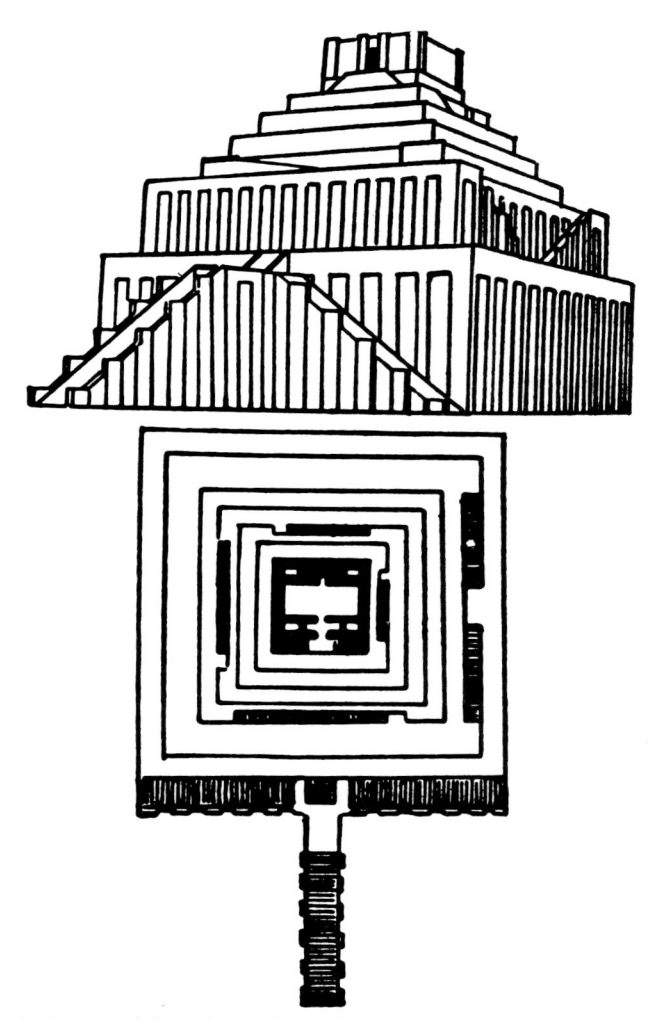

Rekonstruktion des Babylonischen Turmes, 600 Jahre v. u. Z. mit einer Seitenlänge und Höhe von etwa neunzig Metern.

nen Turm bauen, dessen Spitze bis an den Himmel reicht, daß wir uns einen Namen machen.

Da fuhr der Herr hernieder, daß er sähe die Stadt und den Turm, die die Menschenkinder bauten. Und der Herr sprach: „Lasset ihre Sprache verwirren, daß keiner die Sprache des andern verstehe..." (1. Mose, Kapitel 11, Vers 3 bis 7).

Vorstellung der Bauarbeiten am Babylonischen Turm um 1360.

Doch es war nicht Übermut der Assyrer, der den Turm zu Babel im 6. Jahrhundert v. u. Z. entstehen ließ. Es gab viele solcher „Götterberge", die ab etwa 2000 v. u. Z. entstanden und Zikkurate genannt wurden. Der Turm zu Babel ist heute nur noch ein großer Schuttberg.

Die gelegentliche Annahme, daß für den Bau dieser Zikkurate Göpel eingesetzt waren, dürfte kaum zutreffen. Vermutlich wurde alles Material auf dem Rücken Unfreier hinaufgetragen und mit Rollenseilen von vielleicht zehntausend Menschen befördert und eingebaut. Immerhin ließen die flachen Rampen von Stufe zu Stufe den Einsatz von Schrägaufzügen, die von Göpeln bedient wurden, zu.

Das biblische Thema des Turmbaus zu Babel wurde immer wieder aufgegriffen, so auch in der Weltchronik von Rudolf von Ems um 1360.

Im 14. Jahrhundert konnte sich niemand vorstellen, wie man ohne Tretrad einen Turm bauen sollte, der bis zum Himmel reicht. Und so findet man das ganze Instrumentarium wie Leitern, Kranhaken, Ausleger, Seilrollen und Kraxen auf dem mittelalterlichen Bild, auf dem sich der König selbst bemüht. Ein halbes Jahrtausend widmete sich die Malerei in Mitteleuropa fast ausschließlich biblischen Themen. Auch Pieter Brueghel der Ältere konnte sich 1563 die Entstehung des Babylonischen Turmes nicht ohne Tretkran denken, zu seiner Zeit wohl auf jeder Großbaustelle vertreten.

Zu den Großbauten des Mittelalters gehörten vorwiegend die Kirchenbauten, die unter dem fränkischen Kaiser Karl der Große (742 bis 828) ihre erste Blüte erlebten. Rund tausend Jahre verströmte sich die Architektur fast ausschließlich in Kirchen und Burgen und dokumentierte deren alles beherrschende Allianz in der Geschichte Europas. Karl der Große war der große Förderer des Kirchenbaues und der Christianisierung Mitteleuropas.

Auf einem Bild aus den „Chroniques de France" von 1494 ist Karl der Große mit seiner jungen Frau bei einer Besichtigung eines Kirchenbaus dargestellt. Auf dem halbfertigen Bau der Kirche stehen zwei Tretkräne,

Bau des Babylonischen Turmes nach Pieter Brueghel d. Ä., 1563.

Karl der Große besichtigt einen Kirchenbau. Das Bild aus dem Jahr 1494 zeigt dabei zwei „moderne" Tretkräne.

ARCHITEKTUR

135

die damals wohl so selbstverständlich waren wie heute die Lastenaufzüge mit einem Elektromotor.
Erst mit der Begründung der Geschichtswissenschaft im 19. Jahrhundert begann man, die Vergangenheit als etwas anderes zu begreifen. Bis dahin nahm man an, daß die Menschen der Vorzeit die gleichen Dinge und Sitten hatten, die man aus seiner eigenen Gegenwart kannte.
Karthago wurde im 9. Jahrhundert v. u. Z. im heutigen Tunesien gegründet und erreichte schnell eine gewisse Vormachtstellung. Es wurde um 146 v. u. Z. von den Römern zerstört und durch Caesar und Augustus wieder aufgebaut. Dido, die Königin von Karthago, spielt eine wichtige Rolle in der „Aeneis" des Publius Vergilius Maro (70 bis 19 v. u. Z.), dem Nationalepos der Römer. In einer deutschen Übersetzung, die um 1502 entstand, wurde das Werk mit hundertsechsunddreißig Holzschnitten ausgestattet. Die Ansicht Karthagos nimmt hier fränkische Züge an. Als Bauhilfen stellt sich der Künstler entsprechend seiner Zeit natürlich Tretkräne vor.

Holzschnitt aus der „Aeneis" nach Vergil, Ausgabe 1502.

Die Bilder zeigen eine Mischung zwischen Orient, Italien und Franken im ausgehenden Mittelalter in Baustil und Kleidung. Nur die heidnischen Göttinnen sind nackt dargestellt. Nach den bisher bekannten Überlieferungen gehen die Treträder etwa auf das 1. oder 2. Jahrhundert v. u. Z. zurück und wurden vermutlich von den Technikern des Altertums, den Römern, zuerst eingesetzt. Mit dem Untergang des weströmischen Reiches am Ende des 5. Jahrhunderts u. Z., mit dem das Mittelalter beginnt und die Vergeistlichung überhandnimmt, verschwinden die meisten technischen Errungenschaften, mit Ausnahme der militärischen, wieder. Sie bekamen den Ruch des Frevels und der Gotteslästerung, weil jede auch nur geringe Entfernung von dem Wortlaut der Bibel ein Vergehen war. Wir erleben eine solche Phase zur Zeit im Iran. Als Maßstab des Erlaubten in wissenschaftlichen Fragen wurden vom Vatikan die Lehren des Aristoteles festgelegt, des Aristoteles, der 325 v. u. Z. wegen Gottlosigkeit zum Tode verurteilt worden war, aber fliehen konnte. Er lehrte als höchste Tugend die vernunftmäßige Tätigkeit, das reine Anschauen, vielleicht im Gegensatz zur Wissenschaft. Damit war im Mittelalter nicht mehr viel an Fortschritten zu erwarten.
Halten wir uns deshalb mehr an die Zeit vor dem 4. Jahrhundert u. Z., wenn wir nach technischen Hilfen für die Menschen suchen. Später werden sie sehr spärlich.
Das 1. Jahrhundert u. Z. brachte durch die großen Eroberungszüge der Römer in ganz Europa den Reichtum nach Rom und Hunderttausende von Arbeitskräften ohne Lohn. Eine überwältigende Bautätigkeit setzte ein. Tretkräne hielten auf Baustellen und in Werkstätten ihren Einzug.
Acht Flaschenzüge halten hier einen Ausleger des Kranes, was auf schwere Lasten

schließen läßt. In der Trettrommel befinden sich bis zu fünf Arbeiter, vermutlich Sklaven, da der Römer selbst den Schwerarbeiten auswich, ähnlich wie wir heute die Schwerarbeiten den Gastarbeitern überlassen, nur mit dem wesentlichen Unterschied, daß diese frei sind und den vereinbarten Lohn erhalten. Auf dem Bild helfen zwei Arbeiter von außen, die Förderhöhe genau einzuhalten, und zwei Männer befinden sich auf der Auslegerspitze, wahrscheinlich, um das Ausspringen der Seile aus den Flaschenzügen zu verhindern. Der Baukran band sicher mindestens zehn Arbeiter. Mit diesem Kran ließen sich etwa anderthalb bis zwei Tonnen Last heben. Es ist sicher, daß Tretkräne nicht nur auf Bauplätzen, sondern auch in Werkstätten Verwendung fanden.

Relief eines römischen Baukranes auf einem Grabmal um 100 u. Z.

Werkstattkran mit Tretrad des Peculiaris um 100 u. Z.

Der Bedarf an Säulen und Friesen war im antiken Rom während der Kaiserzeit sehr groß. Die Steinmetzbetriebe mußten sich mechanisieren, um der Nachfrage wenigstens einigermaßen entsprechen zu können.
Aus Capua, um 600 v. u. Z. von den Etruskern als Hauptstadt gegründet, um 216 v. u. Z. von den Karthagern besetzt und fünf Jahre später von Rom eingenommen, zerstört und wieder aufgebaut, ist nur der Fries des Amphitheaters erhalten geblieben. Auf ihm ist auch die Werkstätte des Steinmetzbetriebes des Lucceius Peculiaris als Halbrelief abgebildet. Man erkennt deutlich einen Tretkran, der von zwei Männern, vermutlich Sklaven, betrieben wurde. Er diente als Hebeeinrichtung für die schweren Steinsäulen bei deren Bearbeitung.
Die Stadt Rom war in den ersten zwei Jahrhunderten u. Z. eine Ansammlung von Großbaustellen, Villen, Tempeln und Badehäusern. Und überall wurden Marmorsäulen in Mengen und große Friese gebraucht. Man kann deshalb annehmen, daß Treträder in den meisten Steinmetzbetrieben verwendet wurden. Von den vielen hundert Bäckereien in Rom, deren Mühlen mit Tier- oder Menschengöpeln angetrieben wurden, ist schon berichtet worden.
Die Mechanisierung der Betriebe in den Städten, vor allem im Süden des Landes, hatte zu dieser Zeit schon einen hohen Stand. Die Kraftmaschinen und Arbeitsmaschinen waren Göpel und Treträder, die Energie stellten fast ausnahmslos die Sklaven, die von den Kriegszügen als Gefangene im großen Siegeszug mit dem römischen Heer in Rom einmarschierten.
Das Fehlen von Energie war zu keiner Zeit ein Grund dafür, auf irgendeine Arbeitsmaschine zu verzichten, und mochte ihr Zweck auch noch so nebensächlich sein. Darin wird der Luxus erst für alle sichtbar. Das galt zu allen Zeiten.

„Panem et circenses" (Brot und Zirkusspiele) waren in Rom die großen Wahlversprechen, die damals vor den Wahlen eingelöst werden mußten; denn die Römer waren „gebrannte Kinder". Sie hielten nichts von Zukunftsversprechen. Und so entstanden die Amphitheater in vielen Städten des römischen Reiches. Es waren die antiken „Fußballstadien" mit ihren rauschhaften Emotionen, nur daß damals der Tod von Sklaven jeder Art der grausame Mittelpunkt der Spiele war. Man nannte es tatsächlich Spiele, Circus-Spiele. Die Schauspieler und Opfer waren die Gladiatoren, die Prominenz des Pöbels, wenn sie überlebten. Entweder marschierten sie wie die Matadores in die Arena, oder sie wurden wie im Kolosseum in Rom, dem größten Amphitheater der Welt, mit einem Lift aus den unterirdischen Räumen zur Arena emporgebracht: großer Auftritt eines strahlend aufgeputzten Häufchens Mensch, voller Angst und Mordgier und Überlebenswillen.
Der Aufzug im Kolosseum wurde von vier Sklaven in einem Göpel nach oben geliftet. Diese Sklaven werden wohl frühere Gladiatoren gewesen sein, die wegen Tapferkeit in der Arena begnadigt worden waren.
Das Kolosseum wurde um 80 u. Z. von Kaiser Titus erbaut. Seine Abmessungen betragen 188 mal 156 Meter und eine Höhe von 48,5 Metern. Es faßte fünfzigtausend Zuschauer und war bis 405 u. Z. für Gladiatoren mit Sklaven, Kriegsgefangenen, Verbrechern und Berufsgladiatoren in Betrieb, weitere hundertzwanzig Jahre für Tierhetzen, die es auch schon früher gab. So hatte Caesar einmal vierhundert Löwen aufeinander losgelassen.
Pompejus übertraf Caesar dann mit sechshundert Löwen. Aber auch Elefanten und

Aufzug für die Gladiatoren im Kolosseum in Rom um 100 u. Z. nach einer späteren Skizze.

Rhinozerosse mußten miteinander kämpfen. Später wurde das Kolosseum der große Steinbruch für die neuen Bauten der Stadt, bis es Mitte des 19. Jahrhunderts unter Denkmalschutz gestellt wurde. Im Mittelalter war zum Glück nicht so großartig gebaut worden, so daß vom Kolosseum ein noch recht eindrucksvoller Bau erhalten blieb.

Erst zum Ausgang des Mittelalters begegnen uns wieder technische Hilfsmittel höherer Art, wenn man vom Mühlenwesen absieht. Der technologische Unterschied zwischen den antiken Schöpfungen und den mittelalterlichen könnte nicht krasser ausfallen. Tausend Jahre Völkerwanderungen mit den Gefährdungen aller betroffenen Kulturen, mit einem geistigen und religiösen Notstand und der Kleinstaaterei, ein Scherbenhaufen der damaligen Geschichte, ließen nicht viele Möglichkeiten für die Bevölkerung offen.

Fahrbare Hebevorrichtung nach Mariano um 1438.

Doch unabhängig von den äußeren Wirren und Lähmungen begann sich der Geist im 14. Jahrhundert zu regen. Auch die Bevölkerungszahlen waren wieder gewachsen, und man suchte nach Hilfsmitteln zur Erleichterung des Lebens.
Die Vorrichtung Marianos ist an sich recht sinnvoll. Durch das fahrbare Untergestell kann der Aufzug an jeder Stelle einer Baustelle eingesetzt werden. Der Mann an der Winde muß bei seiner Arbeit mit dem Göpelbaum um die Winde herumgehen. Damit wird die Anstrengung von den Händen auf die Füße verlegt. Die beiden Seile können durch die Veränderung der Gehrichtung auf- oder abgewickelt werden. Mit diesen zwei Seilen werden über Rollen oder Flaschenzüge Eimer oder Baumaterial hochgezogen oder abgelassen. Die sechs Räder deuten auf ein erhebliches Gewicht des Gerätes und der Nutzlast hin. Gedanklich ist zwar schon alles Notwendige eingebracht, doch die Mittel und die Zeichnung selbst verraten den neuen Anfang.

Der schon mehrmals erwähnte Unbekannte aus der Zeit der Hussitenkriege entwarf 1430 einen Kran, mit dem gleichzeitig eine große Last auf- oder abbewegt werden und eine andere kleinere Last unabhängig gehoben oder abgelassen werden konnte. Diese zwei Systeme bedürfen natürlich auch zweier Antriebsorgane, und zwar für die geringe Last einer Kreuzhaspel und für die große Last Treträder, von denen zwei vorgesehen sind.

Der Unbekannte lebte etwa zur gleichen Zeit wie Kyeser und ebenfalls im ostbayerischen Raum. Vermutlich kannten sie einander gar. Der Ausleger für die kleinere Last ist in einem gewissen Grade kippbar, so daß der Gesamtkran mit der schweren Last am Ort verbleiben und der kleinere Lasthaken unabhängig bewegt werden kann.

Eine Sonderstellung nahm das sogenannte Sprossenrad ein. Es hat sich aber trotz seiner Einfachheit nie richtig eingeführt. Bei diesem Rad waren am Umfang Trittsprossen angebracht, die über die Breite des Rades hinausragten. An den Sprossen kletterte ein Mann hinauf. Wenn das Rad sich drehte, blieb er etwa in Achshöhe. Auf diese Weise wirkte das volle Gewicht des Mannes als Umfangskraft. Der Kräfteverschleiß war natürlich enorm; denn der Mann mußte ununterbrochen senkrecht nach oben steigen. Doch beim Sprossenrad ließ sich das zu hebende Nutzgewicht genau berechnen. So konnte

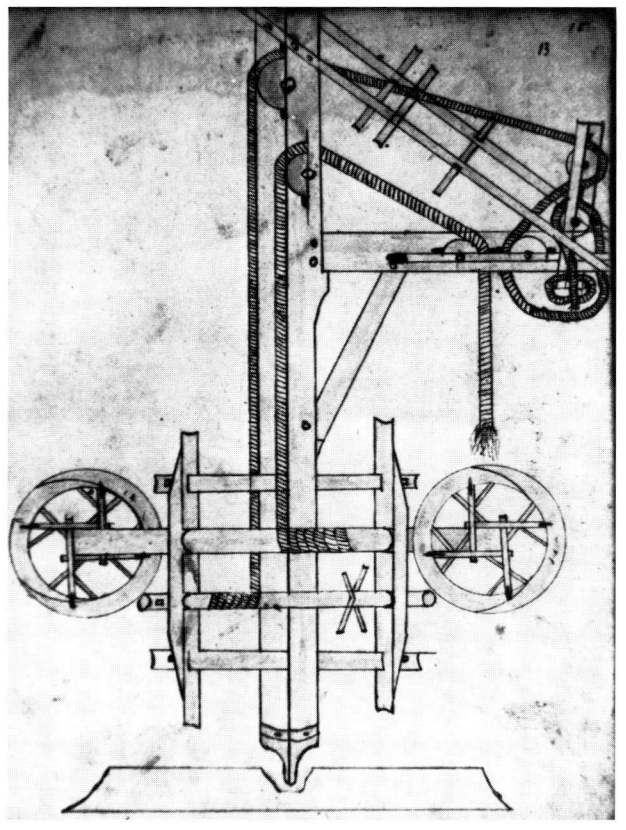

Doppeldrehkran zum gleichzeitigen Heben verschiedener Lasten um 1430 nach einem Anonymus der Hussitenkriege.

Kran mit Sprossenrad in einem Steinbruch im 18. Jahrhundert.

zum Beispiel eine Person mit einem Gewicht von achtzig Kilogramm bei einem Radius des Sprossenrades von fünf Metern und einem Wellendurchmesser, um den das Zugseil gewickelt wurde, von einem halben Meter etwa achthundert Kilogramm heben, wenn man einmal von den Reibungsverlusten absieht.
Zwei solcher Sprossenräder waren in zwei Steinbrüchen bei Paris bis zum Ersten Weltkrieg noch in Betrieb, vermutlich wurden sie von Schwerverbrechern betrieben.
Das Deutsche Museum in München besitzt das Modell eines solchen Sprossenrades.

Ähnliche Krananlagen wurden in der nämlichen Zeit zum Beispiel auch mit Göpelantrieb auf Baustellen eingesetzt. Der Bedarf an Kränen wuchs mit der Bautätigkeit stark an, so daß sich auch die namhaftesten Ingenieure der Konstruktionen annahmen, die immer vielseitiger in ihrer Anwendung wurden und sowohl als Baukran wie als Verladekran dienen konnten.
Kraft und Bewegung waren die zwei großen Herausforderungen für die Techniker der Renaissance, mit denen sich jeder befassen mußte, ob er wollte oder nicht. Das Instru-

mentarium der Spindeln, Zahnräder, Kurbeln, Haspeln, Göpel und Treträder mußte stets verbessert und den steigenden Anforderungen angepaßt werden. Und das alles und das immer mit dem gleichen Material, nämlich Holz.

Dieser Spindelantrieb war besonders da geeignet, wo eine Last sehr langsam abgesenkt werden mußte. Gegengewichte sollten die Holzflanken der Spindel entlasten und den Kraftaufwand vermindern. Außerdem kippte der Kran nicht so leicht.

Leonardo da Vinci, Künstler, Forscher und Ingenieur, lebte streng nach seinen Moralvorstellungen und war doch ebenso blind gegenüber den Sünden seiner Zeit und dem Verhalten der Mächtigen. So war es möglich, daß er als Kriegsingenieur ohne Bedenken für den skrupellosen Cesare Borgia tätig war.

Von Sforza, dem Herzog seiner Heimatstadt Florenz, übernahm er den Auftrag der Kanalisierung des Arno, um damit der Stadt Pisa das Wasser abzugraben. Er errechnete dafür eine Arbeitszeit von sechs Monaten mit zweitausend Arbeitskräften zu je zwölf Stunden pro Tag, was 4,3 Millionen Gesamtstunden bedeutete. Doch er brauchte 20 Millionen Arbeitsstunden.

Leonardo wäre nicht er selbst gewesen, wenn er mit dieser Arbeit nicht zugleich andere Ziele verfolgt hätte: Er wollte für Florenz eine Schiffsverbindung zum Meer schaffen. Auch Machiavelli war damals an diesem Kanal interessiert und unterstützte den Baumeister. Leonardo hatte für den Kanalbau einen speziellen Bagger entworfen, der auch als Kran dienen konnte. Er war seiner Zeit weit voraus, konstruierte Maschinen wie heute nach dem Verwendungszweck. Er schuf ein Gerüst mit zwei Auslegern, die so groß waren, daß sie die ganze Kanalbreite von achtzehn Metern baggern und verladen konnten. Der Vorschub des Baggers wurde mittels einer langen Spindelwelle vorgenommen. Die Baggerschaufeln mußten von einigen Männern in die neue Arbeitslage gebracht werden. Etwa alle zwei Tage mußte der Bagger um die Tagesleistungen vorgerückt werden.

Im Zusammenhang mit dem Arnokanal hatte Leonardo noch einen Abraumbagger mit zwei Kreuzhaspeln als Antriebsmechanik entworfen, wobei das Abraummaterial ohne Zwischenlagerung direkt in einen Wagen gekippt wurde, der seinerseits das Material zu einer Kippe brachte. Seine Skizze zeigt bereits eine moderne Großbaustelle. Der Engpaß dieses Bauvorhabens war die Entfernung

Ladekran mit Spindel für die Hubbewegung nach Besson um 1578, aus „Theatrum instrumentarum et machinarum".

Bagger-Kran mit Tretrad für den Kanalbau am Arno von 1502 bis 1505 nach Leonardo da Vinci.

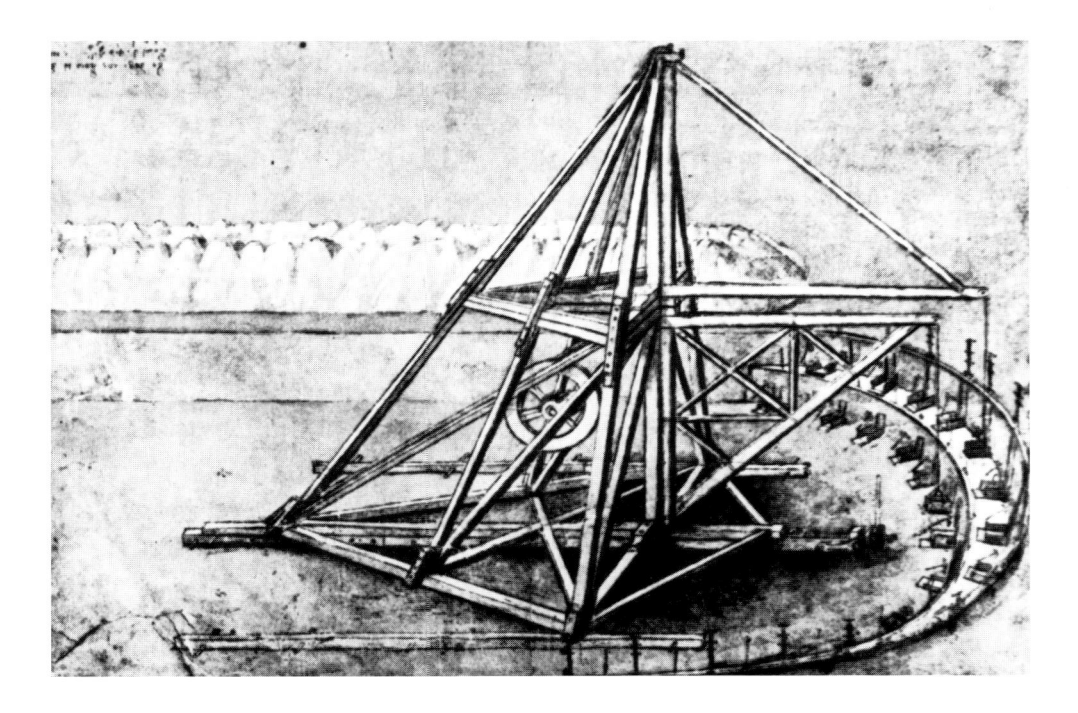

Reinigung des Stadtgrabens mit Rampe, Spezialwagen und Pferdegöpel nach Ramelli 1620.

des ungeheuren Abraummaterials, das zwei Drittel des gesamten Personals beschäftigte. Die schwerste Arbeit war die an der Haspel des Baggers.

Warum Leonardo zum Kanalbau nicht auch Tiergöpel eingesetzt hat, ist nicht ganz klar. Vermutlich hätte die Planung und Herstellung geeigneter Tiergöpel und deren Herstellung zu lange gedauert; denn die Arbeit mußte ja sofort in Angriff genommen werden.

Auch die seit Jahrhunderten bestehenden Stadtgräben mußten immer wieder ausgebaggert werden, weil sie mehr oder weniger offiziell als Abwasserkanal und Mülldeponie mißbraucht wurden. So wurden sie oft zu Krankheitsherden und verloren ihren Sinn als Teil der militärischen Festung.

Sehen wir einmal von der vornehmen Kleidung der Kanalarbeiter ab, die den Uniformen französischer Offiziere und Unteroffiziere abgeschaut wurde und die hier völlig unbrauchbar war, dann macht die Reinigungskolonne mit ihrem Maschinen- und Fuhrpark schon einen modernen Eindruck. Das Seil auf der dicken Windentrommel ist so aufgelegt, daß ein Müllwagen nach oben gezogen wird und der andere nach unten fährt. Der Müllwagen wird oben sofort in einen anderen Wagen umgeleert und abgefahren, vermutlich auf die Felder.

Einen reinen Baukran, den man überall aufstellen konnte, hat Ramelli mit der Figur 99 seines Buches „Schatzkammer der mechanischen Künste" so vorgestellt: „Dieses ist eine andere Art einer machinae, welche sehr leicht doch mächtig genug ist, um jede schwere Last damit in die Höhe zu heben, oder sonst an andere Örter zu führen."

In der Regel hatte es sich bei den üblichen Bauten um Lasten unter fünf Kilogramm gehandelt, für die Ramelli zwei Zahnradübersetzungen von 1:4,5 und 1:5,5 vorsah, also eine Übersetzung von 1:24,7. Er dachte somit auch an Lasten über fünfhundert Kilogramm, wenn er den Göpel mit vier Mann besetzte, anstatt mit zwei, wie auf dem Bild. Das Holzgetriebe jedenfalls war solchen Belastungen gewachsen.

Für noch schwerere Lasten am Bau sah Ramelli auch Treträder als Energiequelle vor. Er konnte damit Lasten bis etwa drei Tonnen mit dem entsprechenden Übersetzungsgetriebe bewältigen. Das Tretrad hatte meist einen Durchmesser von ungefähr vier Metern und war als Innentretrad gebaut, da es das sicherste Rad war, in dem auch die tretende Person

Baukran für große Gewichte mit göpelähnlicher Kreuzhaspel nach Ramelli 1620.

vor den Gefahren der Baustelle geschützt war. Die bildliche Darstellung der Maschine verrät große Erfahrung. Die Kranteile sind auf engstem Raum in guten Größenverhältnissen zusammengebaut. Das Tretrad ist gleichzeitig das Gegengewicht zu der zu hebenden Last.

Ramelli verbesserte ständig seine Entwürfe. Jeder neue Entwurf ist ein Fortschritt gegenüber dem früheren.

Bei seinen Baukränen verwendete Ramelli nie einen Ausleger, der bei den damaligen Materialien nicht nur eine Schwachstelle gewesen wäre, sondern den Kran unbeweglicher gemacht hätte. Auch das Kippmoment hätte eine massivere Bauweise verlangt. Damit aber hätte er sich Transportprobleme aufgeladen. Er zog es vor, die oberste Umlenkrolle des Tragseiles am Bauwerk selbst zu befestigen.

Als letzter von den vielen Entwürfen Ramellis sei ein leichter Baukran gezeigt, der aber durch seine besonders hohe Übersetzung von einem einzigen Mann bedient werden konnte und alle normalen Baugewichte zu heben in der Lage war, natürlich mit einer geringeren Hubgeschwindigkeit. Eine Seltenheit stellt die Verwendung eines Seiles innerhalb des Getriebes, ähnlich einem Riementrieb, dar. Auch die Konstruktion des Schneckengetrie-

Baukran mit Tretrad nach Ramelli, 1620.

Kranwinde nach Ramelli um 1620 mit Handkurbel.

bes ist bemerkenswert klar. Alle Teile sind in Leichtbauweise mit Speichen gebaut.

Der Apparat ist einer Bauwinde ähnlich, aber wesentlich komplizierter. Auch die relativ großen Gewichte, die ein einziger Mann mit einer etwa hundertfachen Übersetzung heben kann, überschreitet doch das Vermögen einer Winde.

Obwohl das Gerät nur eine Kurbel besitzt, muß man es doch zu den Muskelkraftmaschinen rechnen; denn dieser eine Mann an der Kurbel drehte den ganzen Tag bis zur Erschöpfung und mußte wohl immer wieder abgelöst werden. Ramelli hatte noch andere Vorschläge für Hebezeuge, doch sie unterschieden sich von diesem Entwurf nur durch unwesentliche technische Veränderungen.

Es gibt kaum einen Ingenieur der Renaissance und der Jahrhunderte danach, der sich nicht mit dem so wichtigen Gebiet der Muskelkraftmaschinen beschäftigte.

Salomon de Caus interessierte sich u. a. mit dem Bergen großer Steine und Felsblöcke bei geringstem Energieaufwand. Um mit kleinen Kräften auszukommen, bedurfte es vor allem hoher Übersetzungen durch eine Hintereinanderschaltung von Zahnradpaaren. De Caus ordnete sechs Zahnradpaare übereinander an, von denen jedes eine Untersetzung von 8 : 1 hatte. Das ergibt eine Gesamtuntersetzung von 1 : 0,000035 Umdrehungen. Bei fünfzig Umdrehungen der Kurbel in der Minute ergäbe das eine Hubgeschwindigkeit von etwa 0,5 Millimeter je Sekunde. Um z. B. bei dieser Übersetzung ein Gewicht von zwanzig Tonnen zu heben, wären theoretisch fünfzehn Watt erforderlich. De Caus wollte damit nur den Weg zeigen, mit dem man praktisch jedes Gewicht, das vorkommt, heben kann.

De Caus wußte selbstverständlich, daß die Getriebewellen nicht in einer Reihe liegen

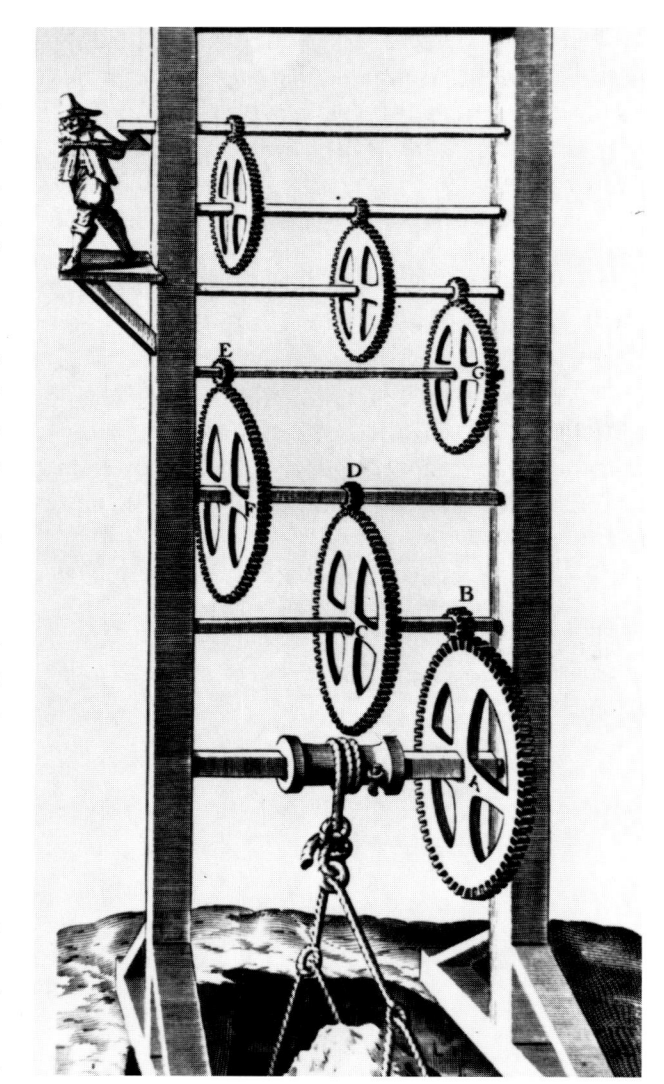

Kranmodell mit hoher Kraftübersetzung nach de Caus, 1615.

mußten, sondern räumlich eng zusammengefaßt werden konnten. Der Vergleich des großen Gewichtes zu dem kleinen Mann sollte für den Einsatz von Getrieben werben, um die Muskelkraft weitgehend zu entlasten. Bei dem obigen Rechenbeispiel müßte der Mann allerdings siebenunddreißig Stunden kurbeln, um die Last fünf Meter hochzubringen.

Drei Männer in einem Tretrad würden es dagegen in zwei Stunden schaffen. Die Zeit des Probierens war endgültig vorbei. In der Praxis galt es nunmehr, die Energie von Maschinen oder Muskeln der Zeit anzupassen, in der eine bestimmte Arbeit erledigt werden muß. Und das bekam man schnell in den Griff. Nunmehr konnte man Zeitpläne aufstellen, was ganz besonders für das Löschen der Fracht von Schiffsladungen wichtig war. Jacob Leupold befaßte sich in seinem Werk „Theatrum machinarum" im Band „Schauplatz der Hebezeuge" mit Kränen verschiedener Art. Als Praktiker machte er nicht nur zeichnerische allgemeine Entwürfe von Kränen, sondern entwickelte sie durch und berechnete sie, so daß man sie nach seinen Angaben herstellen konnte. Außer mehreren Säulenkränen mit großen drehbaren Auslegern, an deren hinterem Ende als Gegengewicht die Muskelkraftantriebe lagen, entwarf er auch einen geschlossenen Drehkran für ein Hubgewicht von zwei Tonnen. Da für dieses große Gewicht die Leistung eines einzigen Tretrades nicht mehr ausreiche, wenn man kurze Entladezeiten erreichen wollte, ordnete er zwei Treträder auf einer durchgehenden Welle an, die fest mit dem senkrechten Kranbaum verbunden war. Damit mußten die Treträder beim Schwenken des Kranes die Richtungsänderung mitmachen. Das hatte den großen Vorteil, daß jegliche Getriebe entfallen konnten. Bei schweren Kränen war dies besonders wichtig, da beim Bruch auch nur eines einzigen Holzzahnes die Last abstürzen würde.

Der Kranausleger war fest mit dem Kranbaum verbunden und wurde von außen in die

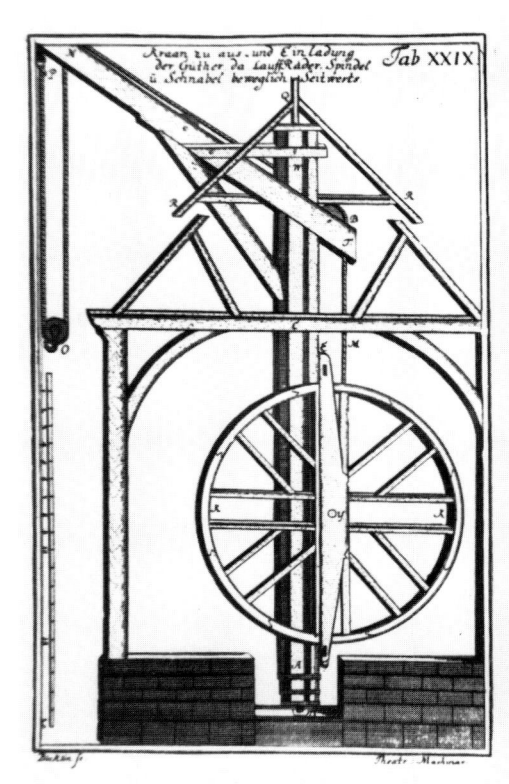

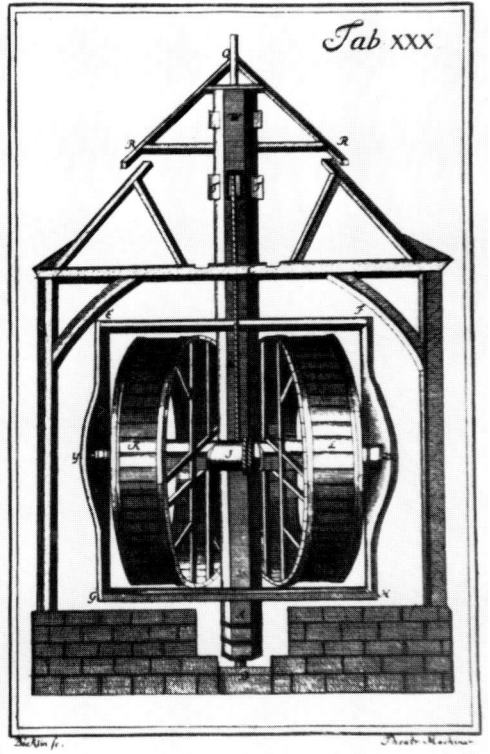

Drehbarer Kaikran für zwei Tonnen Traggewicht, 4,25 m Ausladung und zwei Treträder mit 4,4 m Durchmesser nach Jacob Leupold um 1725.

Arbeitsrichtung gezogen. An ihm war ein drehbares zentrales Überdach befestigt, das das Eindringen von Regen in den Kran verhinderte.

Die Kaikräne hatten aber nicht nur die Ladung von Schiffen im Hafen zu löschen, sondern wurden auch eingesetzt, die Beiboote auf Land zu setzen. Wo dies öfter oder gar ausschließlich der Fall war, richtete man den Kran so ein, daß das Boot nicht nur auf die Mauerkante, sondern einige Meter landeinwärts abgestellt werden konnte.

Jacques Besson entwickelte dafür einen Spezialkran mit großem Ausleger, der sich um seine eigene Achse rundum drehen konnte. Die Lasten wurden von Kurbeln übernommen. Das Drehen um die Vertikalachse erfolgte mit einer Art Deichsel mit mehreren Personen. Das Zugseil wurde über einen Flaschenzug geführt.

Ein mobiler Ladekran, der im 15. Jahrhundert ziemlich weite Verbreitung fand, ist der Nachwelt als Monatsbild des Flämischen Kalenders zum Ende jenes Jahrhunderts überliefert.

Der Kran war vollkommen mit Holz verschalt. Lediglich die Treträder auf beiden Seiten des Kranes lagen außerhalb. Je nach dem Ladegewicht traten pro Rad drei bis vier Männer. Erstmals interessierte sich ein Kranbauer auch für das äußere Aussehen des Kranes und fand eine dem Verwendungszweck entsprechende Form, die sich gut in das Stadtbild eingliederte. Er wurde zum Stadtkran mit Muskelkraft, der jedem zur Verfügung stand. Dieses Kranmodell war in jeder Hinsicht ausgereift. Die Treträder waren eine selbstverständliche Erscheinung. Welche Energie hätte man auch für diesen Zweck sonst noch einsetzen können? Tiere brauchten zu viel Platz und waren nicht intelligent genug, um eine Ware vorsichtig abzusetzen. Im 18. Jahrhundert wurden lediglich die Treträder in das Innere des Kranes verlegt. Ver-

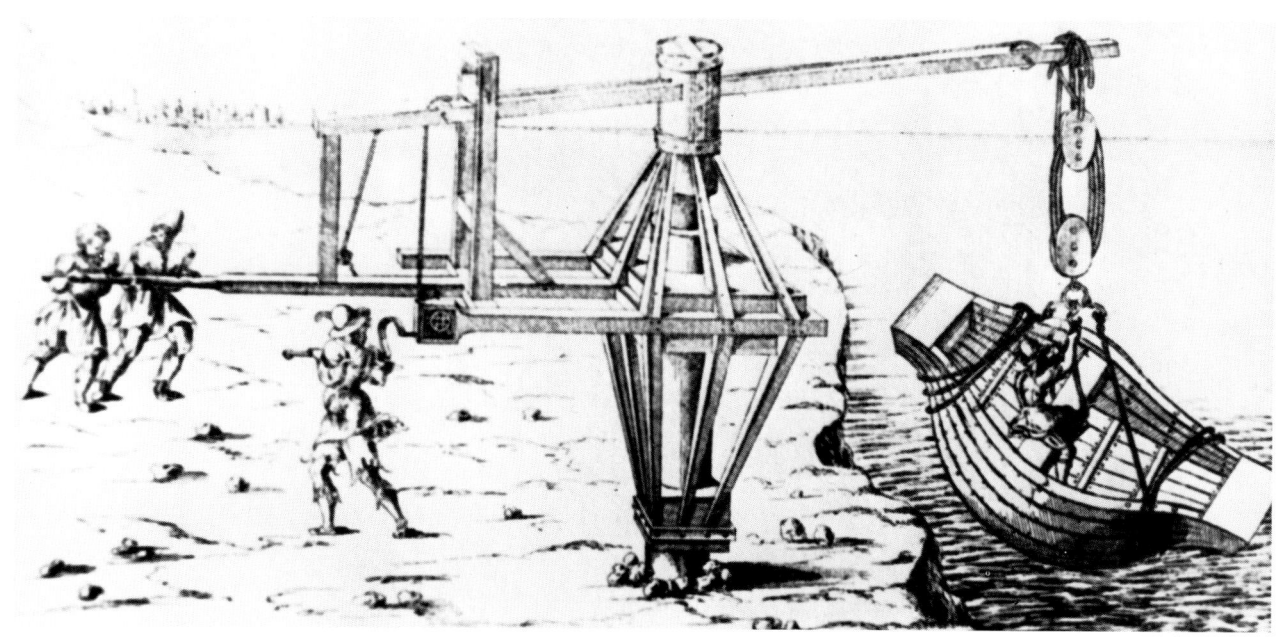

Kaikran für das Heben von Booten und Lasten nach Besson um 1578.

mutlich, um dem aufkommenden Gefühl für Menschenwürde entgegenzukommen.
Diese Kräne hatten sich so gut bewährt, daß man allgemein im 17. und 18. Jahrhundert begann, die Kaikräne aus Stein zu errichten. In vielen Städten stehen sie heute noch, und manche sind weiter in Betrieb, wenn auch mit neuen Inneneinrichtungen und mit Elektromotoren als Antriebskraft.
Als sie gebaut wurden, waren sie selbstverständlich mit Treträdern ausgerüstet. Im Laufe des 19. Jahrhunderts erhielt ein Kran nach dem anderen eine Dampfmaschine, mit der größere Lasten bewegt werden konnten, die ja auch immer schwerer wurden. Das dringend notwendige, aber meist unschöne, laute und rußige Vehikel machte sich breit, bis am Ende des 19. Jahrhunderts der geräuschlose Elektromotor die Arbeiten schnell und sicher ausführte. Die alten hölzernen Kaikräne, die für die feuergefährlichen Dampfmaschinen sowieso nicht brauchbar waren, wurden abgerissen oder verrotteten. Doch die meist sehr schönen steinernen Kräne blieben, auch wenn sie nicht modernisiert wurden, als Zeugen einer schwereren Zeit stehen. Aber wenn die Großeltern von ihrer früheren Fron erzählten, so wollte das, wie heute, niemand wissen. Es war eben eine andere Zeit. Doch die großen Leistungen und die schönen Bauten wurden gepflegt. Sie geben uns Nachfahren das Gefühl eines kulturellen Wertes, und so verbleiben uns wenigstens einige Zeugen, wenn auch etwas einseitige, unserer Vergangenheit. So kommt es, daß wir noch in vielen Städten, die an einem Fluß oder am Meer liegen, schöne alte Verladekräne aus Stein vorfinden.
Dafür, daß es sich eigentlich um einen technischen Bau handelt, ist es besonders bemerkenswert, daß die Stadtkräne den architektonischen Vorstellungen der Zeit angepaßt wur-

Verladekran mit Treträdern aus dem 16. Jahrhundert.

den, ohne in den Kitsch zu verfallen. Wie sehr sich klassische Formen mit technischen Aufgaben vereinen lassen können, zeigt der Tretkran von Andernach auf einer Darstellung von 1594.
Auch der Kaikran in Andernach wurde, wie alle Kräne dieser Zeit, mit Treträdern betrieben, und zwar mindestens noch zweihundert Jahre lang. Am Anfang des 19. Jahrhunderts eroberten nüchterne Stahlkonstruktionen auch den Kranbau, die immer noch mit Muskelkraft betrieben wurden. Jede Bewegungsrichtung des Kranes hatte ihre eigene Kurbel, die über Gußzahnräder ihre Energie den Bewegungen verlieh. Doch an die eiskalte Sach-

Schifflandeplatz in Würzburg mit Verladekran aus dem Jahr 1841.

Gotischer Tretkran in Andernach am Rhein um 1594.

lichkeit der Stahlkonstruktionen konnte man sich nicht so schnell gewöhnen. Es dauerte einige wenige Jahrzehnte. Bis dahin bekamen Maschinen Frauenbeine, die Säulen korinthische Kapitelle. Fundamente wurden mit barocken Mustern durchbrochen. Um die Wende zum 20. Jahrhundert verzierte man die Maschinen häufig mit Jugendstil-Ornamenten. Meerjungfrauen mit ungeschuppten Brüstchen zierten für kurze Zeit die Häßlichkeit der Maschinen. Erst nach dem Ersten Weltkrieg zog endlich die technische Sachlichkeit in die Industriegüter ein. Manches mochte hübsch gewesen sein, aber es befand sich am falschen Platz. In den letzten fünfzig Jahren jedoch entwickelten die Entwerfer ein Gefühl für einen sauberen und klaren Aufbau von Maschinen. Sehen wir zu, daß sich das moderne Styling nicht allzusehr emanzipiert. Die Gefahr bestand früher nicht. Man hatte nur Holz zur Verfügung, das seine eigenen Gesetze hat und mit dem man über Jahrtausende umzugehen verstand.

Ein Holzhaus mit einem Pfosten davor, an dem ein beweglicher Ausleger hing, ergab schon einen Kran.
Die Anlage bietet mehr, als man auf den ersten Blick erkennt. Vor allem wurde dem maritimen Klima Rechnung getragen. Sowohl das Personal der Tretmaschinen als auch die Männer am Kran selbst, arbeiteten bei jedem Wetter im Trockenen. Im Haus bestanden Aufenthaltsmöglichkeiten. Auch Materialien und Ersatzteile waren geschützt untergebracht. Das Kranhaus in Harwich ist heute Museum. Die Freiluftmuseen erwerben sich zunehmend große Verdienste, das technische Umfeld unserer Vorfahren zu sammeln, herzurichten und uns zugänglich zu machen. Dabei müssen wohl gerade die Muskelkraftmaschinen immer mehr in den Vordergrund treten, denn sie erzählen uns besonders anschaulich von der für uns unvorstellbaren Plage, die diese Menschen auf sich nahmen, um ihren Nachkommen, uns, bessere Lebensmöglichkeiten zu geben.

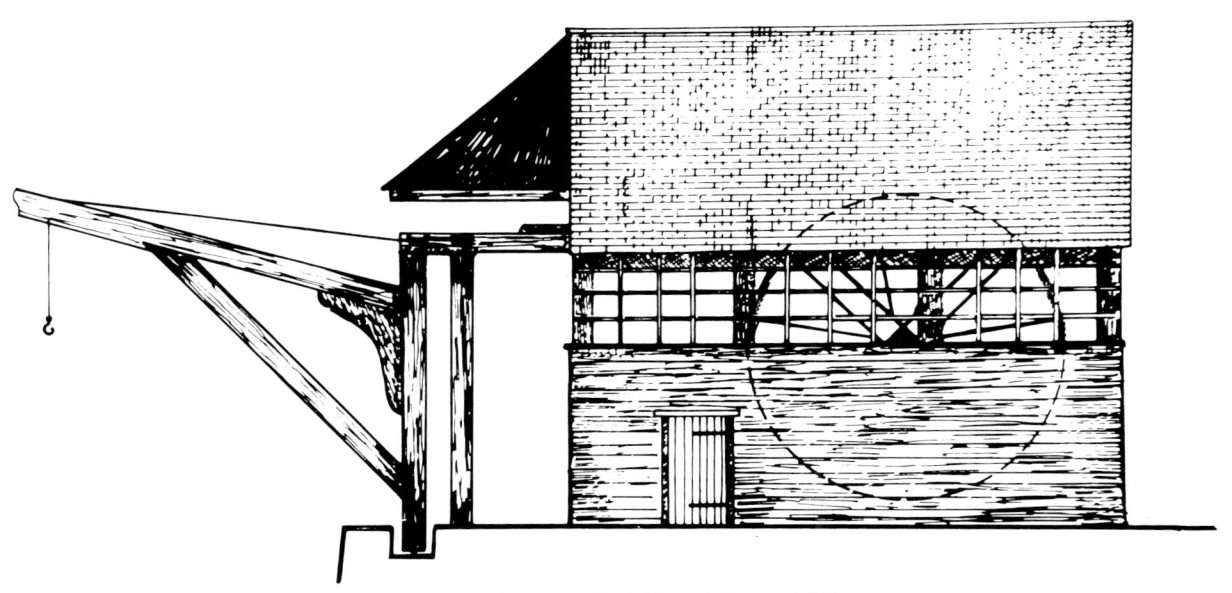

Englischer Schwenkkran mit zwei Treträdern im Haus bei Harwich um 1670.

Der Ingenieur und technische Historiker Franz M. Feldhaus hat in seinem Buch „Der Weg in die Technik" eine schöne Zusammenstellung der Hebezeuge und Kräne erarbeitet. Von den ersten acht Typen wurden sieben mit schwerer Muskelkraft über fünf Jahrtausende betrieben und damit Unglaubliches geschaffen, vor dem wir heute noch staunend stehen.

Im Hintergrund des Bildes sind die Bauten skizziert, die mit den jeweils vorne wiedergegebenen Geräten erbaut wurden. Die Leistungen der arbeitenden Menschen sind heute kaum mehr vorstellbar.

Übersicht der Hebezeuge und Kräne mit Muskelkraft während der letzten fünftausend Jahre nach F. M. Feldhaus.

Baggern mit Muskelkraft

Die Wünsche der Menschen und ihre Forderungen gingen wohl schon immer über das zu ihrer Zeit Mögliche hinaus. Das beflügelte zu allen Zeiten die Träumer und dann die Techniker. Jeder Ingenieur trägt vielleicht einen Funken Träumerei in sich. Und er ruht nicht eher, bis er einen Weg zur Erfüllung der Träume sieht; denn seine Träume sind ja meist die Wünsche vieler in seiner Zeit. Er aber ist oder fühlt sich gefordert.

Aber kaum sind die Wunschbilder wahr geworden, dann kann man es sich schon nach kurzer Zeit nicht mehr vorstellen, wie man ohne diese neuen Hilfsmittel je auskommen konnte. Die größeren Mittel aber zeugen größere Wünsche und Projekte und diese wiederum stärkere Maschinen und mehr Energie.

Mit der Bildung größerer Staaten kamen neue Aufgaben auf die Menschen zu, vor allem die Schaffung neuer Verkehrswege. Leonardo mußte seinen Arnokanal zum größten Teil noch mit Hacke und Spaten bauen lassen, genauso wie tausendfünfhundert Jahre vorher die Römer ihr Straßennetz errichteten. Nunmehr aber wurden immer kürzere Bauzeiten von den Bauherren verlangt. Die vielen Schaufeln mußten von Baggern ersetzt werden, deren Entwicklung schnelle Fortschritte machte. Die Tatsache, daß alles nur mit Muskelkraft bewerkstelligt werden mußte, störte niemanden. Die Menschenkraft war die feilste, beweglichste und außerdem intelligenteste Energiequelle.

Der Bagger gehört zu den Maschinen mit dem höchsten Energieaufwand und der vielseitigsten Kinematik; denn der Baggerarm bzw. -löffel muß praktisch alle Bewegungen der menschlichen Hand nachvollziehen, geradezu spielerisch und schnell und auf den Zentimeter genau.

An der Entwicklung der Bagger arbeiteten die fähigsten Köpfe Europas wie Besson, Giovanni de Fontana, Leonardo da Vinci, Lorini, Olaus Magnus, Ramelli, Veranzio und viele andere.

Die kräftezehrendste Arbeit des Baggers ist ohne Zweifel das Ausbrechen des Materials aus dem Gelände. Die Mechanisierung dieser Arbeit begann mit Rechen oder Schaufeln, die von Menschen mittels Seilen dem Boden entlang gezogen wurden. Das war ohne die Zwischenschaltung von Göpeln und Übersetzungen nicht durchführbar. Die Nachrichten darüber sind sehr spärlich. Wer konnte damals schon schreiben! Man darf annehmen, daß diese Schürfbagger etwa zum Beginn des 15. Jahrhunderts regional von findigen Bautrupps auf einfache Weise zusammengebaut und benutzt wurden. Doch im Laufe des 15. Jahrhunderts häuften sich Beschreibungen von Rechenbaggern. Olaus Magnus beschreibt in seinem Buch „Historia de gentibus septentrionalibus" (1555 lat., 1567 dt.) einen Rechenbagger, der mit einem Göpel von acht Männern gezogen wird. Der drehbare Göpelmast war Seilwinde und Übersetzung zugleich.

Rechenbagger mit Göpel nach Olaus Magnus, 1555.

Die Schwere der Arbeit wird durch die hohe Besatzung des Göpels mit acht Mann mehr als deutlich. Ein Haken, der sich in einem gewachsenen Boden verkrallt hat, will herausgezogen und sofort wieder in die Erde hineingestoßen sein. Wenn der Rechen dann über die ganze Strecke gezogen worden war, wurde er mit dem Kahn zurück auf die andere Seite des Flusses gebracht, um dort, um eine Rechenbreite versetzt, erneut eingesetzt zu werden. Der Göpelmast selbst wurde am oberen Ende gehalten, indem zwei Stangen eingespreizt wurden.

Wenn nicht nach jeder Arbeitsphase eine größere Verschnaufpause eingelegt wurde, mußte wohl eine gleichgroße Gruppe als Ablösung bereitstehen. Dazu kamen weitere Männer, die das Schürfgut abtransportierten. Trotz des hohen Personaleinsatzes dürfte der tägliche Baggerfortschritt höchstens ein paar Meter betragen haben.

Der venezianische Ingenieur Giovanni de Fontana (1393 bis 1455) war bis 1432 Militär-

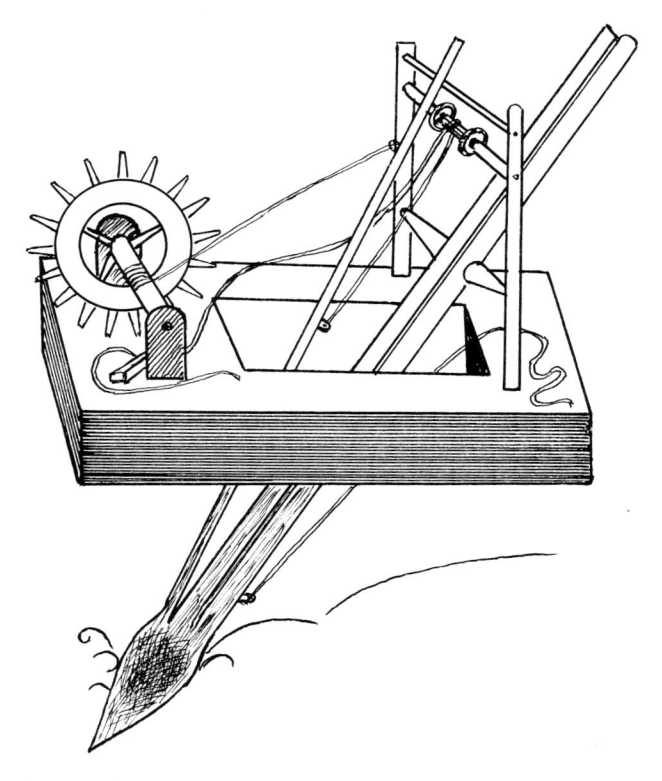

Stangenbagger mit einer Winde und Haspelrädern, nach Giovanni de Fontana um 1420.

154

arzt in Brescia und hatte eine große Begabung für die Technik. Er gab 1420 eine Sammlung von Maschinenplänen unter dem Titel „Bellicorum instrumentorum" (Kriegsgeräte) heraus, die aus siebzig Blättern bestand. Es enthielt u. a. Buchstabenschlösser, Automaten, Orgeln, Raketen, Torpedos und einen Stangenbagger, mit dem auch Steine ausgebrochen werden sollten. Er war damit seiner Zeit um Jahrhunderte voraus.

Mit zwei Haspelrädern wurde ein unten zugespitzter und bewehrter schwerer Balken hochgezogen und nach unten fallen gelassen, wobei durch die Wucht auch Steine aus dem Boden geschlagen werden sollten.

Aus dem Antrieb mit den vielen Radgriffen kann man schließen, daß die Brechstange sehr schwer war und daß mehrere Personen daran arbeiteten. Dieser Entwurf dürfte der erste geistige Versuch sein, aus dem schürfenden Bagger einen brechenden zu entwickeln. Die Anforderungen an die Muskeln sind wohl kaum geringer gewesen, doch was mit dem Schürf- oder Rechenbagger nicht möglich war, nämlich Steine herauszubrechen, gelang hier bis zu einer gewissen Steingröße. Inwieweit Fontana selbst Maschinen entwickelte, ist nicht bekannt, doch er war ja Militärarzt und vielleicht der einzige Mann der Truppe mit technischem Verstand, der sich dann wohl auch der Wünsche der Militärs um Verbesserung der technischen Geräte annahm; denn freischaffende Ingenieure waren damals äußerst selten, wenn es sie überhaupt gab.

Neben den Ausschachtungen für kleine und mittlere Gebäude, die bis in unser Jahrhundert mit Schaufel und Pickel ausgeführt wurden, kannte man zwar seit dem 15. Jahrhundert Baggervorrichtungen, deren Verwendung sich aber auf die Vertiefung der Sohlen von Flüssen, Kanälen oder anderen Wasserstraßen und Häfen beschränkte.

Bis ins 19. Jahrhundert hinein blieb für diese Zwecke der Schürf- beziehungsweise der Rechenbagger mit seiner zermürbenden menschlichen Muskelarbeit an der Haspel das häufigste Gerät, bis die Menschenkraft vom Dampfbagger nach und nach abgelöst wurde.

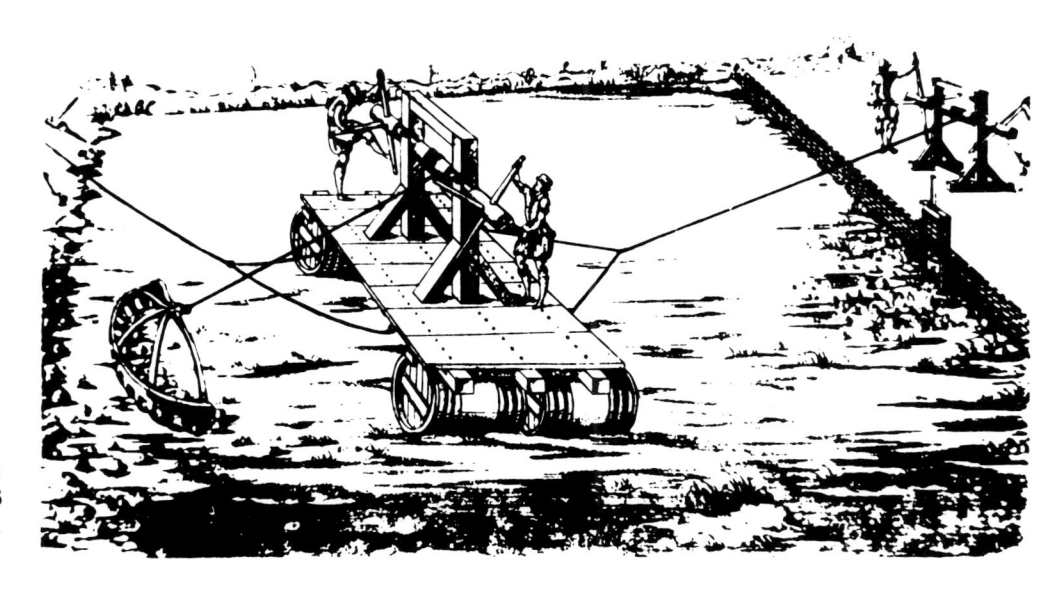

Rechenbaggerung im Fluß von einem Floß aus, nach Besson um 1578.

Jacques Besson entwarf 1578 in seinem Buch „Theatrum instrumentarum et machinarum" einen Rechenbagger, der von einem Floß im Fluß bedient wurde.

Der Standort des Floßes wurde mit Seilen von den beiden Ufern aus dadurch verändert, daß auf jedem Ufer eine Seilwinde, die mit Kreuzhaspeln von jeweils mehreren Männern bedient wurde, verankert war. Die Hauptarbeit des Baggers wurde von den Männern auf dem Floß geleistet. Sie mußten mit einer Seilwinde mittels Kreuzhaspeln den Schürfrechen durch die Fluß-Sohle ziehen. Mit zwei Mann, wie auf der Zeichnung, war es sicher nicht getan. Wenn im Boden auch nur mittelgroße Steine eingebettet waren, konnte es bei größter Kraftanstrengung Stunden dauern, bis sich der Rechen auch nur wenige Zentimeter weiterbewegte. Ein gewachsener Boden erschöpfte die Arbeiter auf eine für heutige Verhältnisse unvorstellbare Weise. Selbst bei Kies- und Sandbetten war die Arbeit an der Haspel im Zwölfstundentag unvorstellbar und für die Gesundheit zerstörerisch. Es war vor allem der Rechen, der sich in seiner ganzen Breite so in den Boden einkrallte, daß die menschliche Kraft unmäßig überfordert wurde. Doch jede Erfindung hat eine Anlaufzeit von meist über hundert Jahren. Das ist auch heute noch nicht viel anders. Das Neue wird verkannt und stört zunächst einmal die eingefahrenen Methoden.

Vermutlich wurde der Schürfrechen schon manchmal im 15. Jahrhundert durch einen Baggerlöffel ersetzt, mit dem man die Schürfmenge besser dosieren kann. Die Baggerlöf-

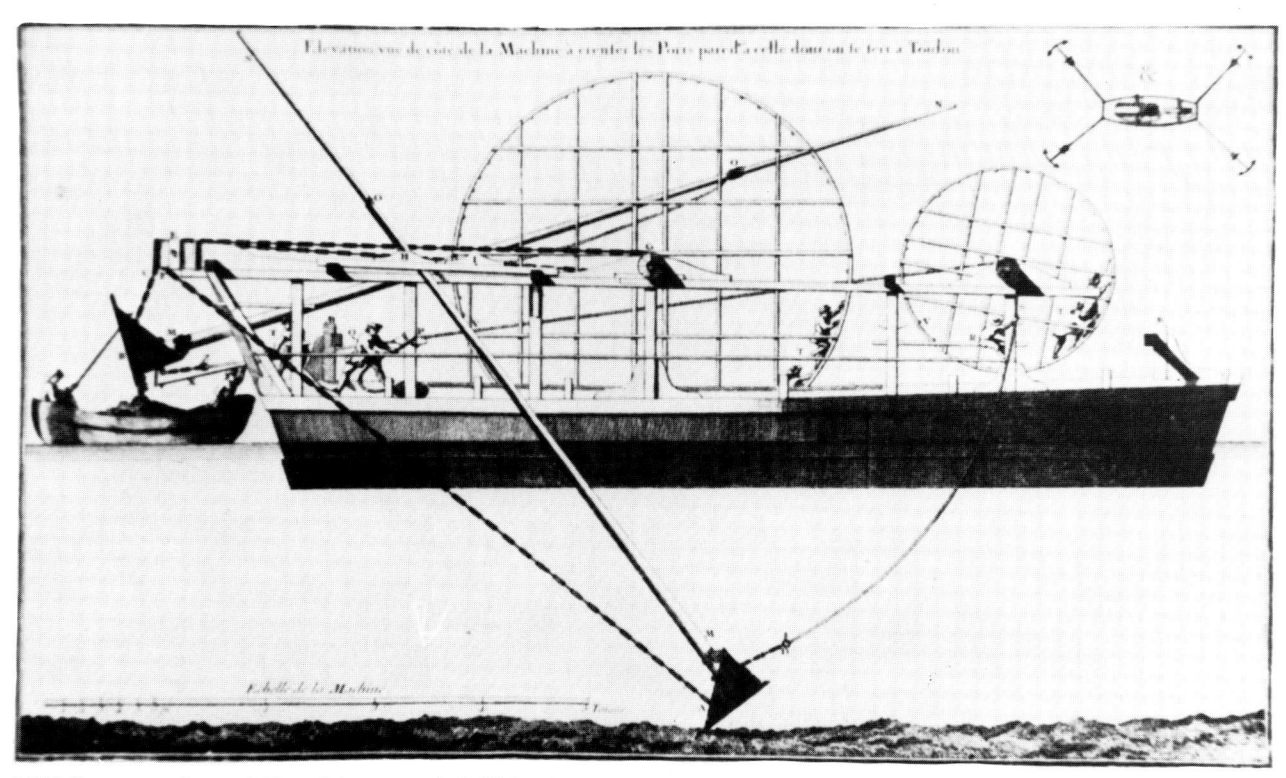

Löffelbagger mit zwei Treträdern, nach Bélidor in Toulon um 1775.

fel haben über zweihundert Jahre lang in Norddeutschland, England, Frankreich und Holland ihre Dienste geleistet.

Der französische Mathematiker und Artillerist Bernard Forrest de Bélidor (1697 bis 1761) schrieb mehrere technische Bücher, darunter die vier Bände „Architecture hydraulique", die 1753 erschienen. Darin ist auch ein Löffelbagger mit zwei Treträdern dargestellt, der längere Zeit bei der Ausbaggerung des Hafens von Toulon eingesetzt war. Mit dem großen Tretrad wurde der Baggerlöffel unterhalb des vertäuten Schiffes über den Flußgrund gezogen, um Material zur Vertiefung des Grundes aufzunehmen und damit eine Schute zu beladen. Mit dem kleinen Tretrad wurde der leere Löffel in die Ausgangsstellung zurückgeholt. Das große Tretrad hatte einen Durchmesser von fast zehn Metern und bot Platz für mehrere Arbeiter. Der Durchmesser des kleinen Tretrades betrug etwa vier Meter.

Bei dieser Anlage ist sogar der Hersteller bekannt. Das Baggerschiff wurde um 1745 von Milet de Montville gebaut. Für die Festhaltung des Schiffes befinden sich an Land vier Seilwinden, die von Männern über Haspeln bewegt wurden.

Die Effektivität der Stangen-, Rechen- und Löffelbagger reichte im 17. Jahrhundert nicht mehr aus. Man suchte ein Gerät, das alle drei Tätigkeiten ausüben konnte, und kam auf den Greifbagger, der jedoch in seiner Grundidee schon über hundert Jahre existierte.

Der Florentiner Buonaiuto Lorini (1545 bis ca. 1610) trat mit zweiundzwanzig Jahren in den Dienst des Herzogs Cosimo dei Medici ein und nahm als Kriegsingenieur an den Türkenkriegen und dem Feldzug in Flandern teil. Sein Buch hat den Titel „Delle Fortificationi" und erschien 1597 in Venedig. Darin wird ein Greifbagger vorgestellt, dessen

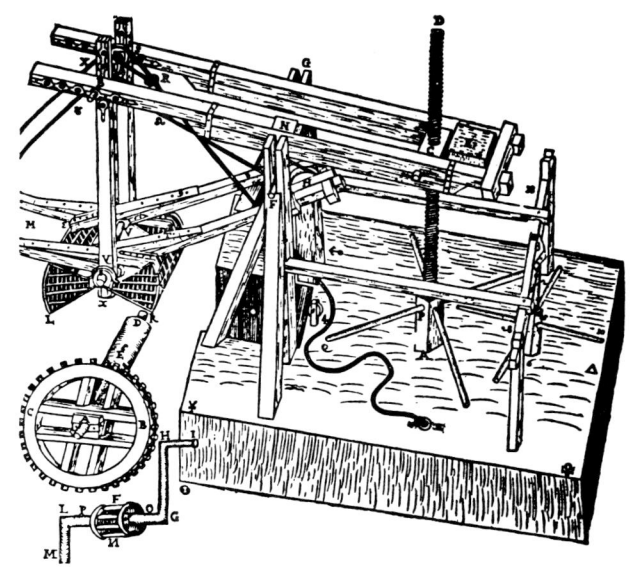

Greifbagger, nach Lorini um 1597.

Greifkorb heute noch die nahezu gleiche Form hat.

Das Öffnen und Schließen des Greiferkorbes geschah mit Hilfe eines kleinen Kreuzgöbels. Das Heben und Senken des Korbes, der an einem Ausleger hing, wurde mittels einer langen Gewindestange und eines größeren Göpelkreuzes bewerkstelligt. Damit war es möglich, den geöffneten Greifer fest in die Erde zu drücken, große Mengen zu erfassen und mit geringen Kräften zu heben. Der Nachteil der langen Gewindestange war natürlich eine lange Hubzeit. Der ganze Bagger war ziemlich unbeweglich, doch zum Verschieben des Baggers waren vermutlich viele Personen oder Soldaten jederzeit zur Stelle. Vielleicht aber handelt es sich hier auch nur um eine Ideenskizze.

Für das Schließen und Öffnen des Greifers dienten lange Stangen, um einen ordentlichen Schließdruck zu erhalten, die verhinderten, daß der Greifer ungewollt sein Greifgut verlieren konnte.

Vielleicht kannte Fausto Veranzio, der zur gleichen Zeit lebte, das Buch von Lorini und entwickelte daraus den vielseitigeren Greifbagger mit Tretrad, der in seinem Buch „Machinae novae" enthalten ist. Auch bei Veranzio werden die Greifer des Baggerkorbes mit Kreuzhaspeln geöffnet. Das Schließen erfolgte wie heute selbständig durch das Hochziehen des Greifers dadurch, daß die Zugseile an kleinen Auslegern der Greiferschalen befestigt sind. Das Hochziehen und Absenken des Korbes übernahmen Männer im Tretrad, dessen Welle zugleich als Seilwinde diente. Der ganze Schwimmbagger war auf zwei großen Pontons aufgebaut.

Der Entwurf eines Schwimmbaggers von Veranzio entspricht heute noch dem Grundaufbau solcher Geräte, mit Ausnahme der eingesetzten Energieart, die damals von rund zwanzig Arbeitern in und an den Muskelkraftmaschinen stammte. Sie wurden erst zum Ende des 18. Jahrhunderts durch die Dampfmaschine erlöst, bis schließlich der Elektromotor mit seiner Vielseitigkeit und seiner absoluten Anspruchslosigkeit an der Wende zum 20. Jahrhundert auch hier die teure, nicht ungefährliche und arbeitsintensive Dampfmaschine aus dem Felde schlug. Man kann sagen, daß bis zum Einsatz der Dampfmaschine die meisten Arbeitsmaschinen schon hoch entwickelt waren; denn sie hatten dank den Treträdern bereits eine lange Geschichte hinter sich.

Bis auf den Baggerkorb selbst und vor allem dessen Zähne war bei Veranzio der gesamte Schwimmbagger aus Holz gebaut. Die einzige Energie lieferten jahrhundertelang die Muskeln von Mensch und Tier. Die Schwimmbagger dieser Art waren über zweihundert Jahre in vielen Häfen anzutreffen. Das Baggergut wurde direkt aus dem Greifer in einen am Schiff vertäuten Lastkahn entleert. Wenn man von der Muskelenergie absieht, besteht praktisch kein elementarer Unterschied zwischen den Baggern von 1620 und 1950.

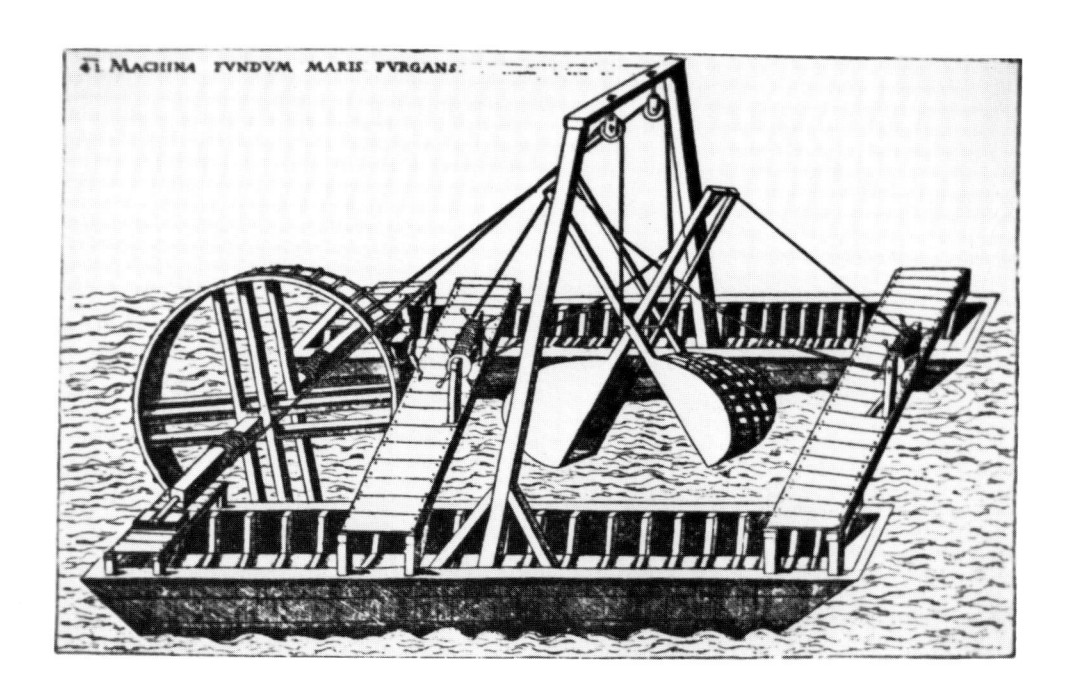

Greifbagger mit zwei Haspeln und einem Tretrad, nach Veranzio um 1616.

Schwimmbagger mit zwei Treträdern in Amsterdam um 1600, nach einer Sepia-Zeichnung von P. Brueghel, 1620.

Pieter Brueghel der Jüngere (1564 bis 1638) schuf 1620 die Sepia-Zeichnung eines Baggerschiffes in Amsterdam mit Lastschute an der Seite.
Die beiden Treträder haben einen Durchmesser von etwa acht Metern und sind überdurchschnittlich breit. Das läßt auf eine hohe Besatzungszahl von Männern schließen. Die großen Haspeln am Bug des Schiffes betreiben eine Winde, mit deren Hilfe das Baggergut nach vorne gebracht wird, um es dort in die Schute zu verladen.
Es ist nun mal so, daß die Großtat von gestern nur den Wert einer Stufe zu noch größeren Leistungen besitzt. Einziges Hindernis für Großleistungen war nur der Energiemangel. Auch wenn 1698 die erste Dampfmaschine von Thomas Savery ihre nützliche Arbeit verrichtete, so dauerte es noch über hundert Jahre, bis man sie stationär einigermaßen beherrschte. Erst 1819 fuhr das erste Schiff, die Savannah, mit einer Hilfs-Dampfmaschine. Nach dem Schwimmbagger in Amsterdam um 1620 dauerte es also noch über zweihundertfünfzig Jahre, bis man auf die Muskelkraft beim Baggern verzichten konnte.
Vorher aber brachte man Pferdegöpel auf die Schiffe. Das ergab die Möglichkeit, Schaufelketten mit ihren größeren Fördermengen anzuwenden, wenn es sich um leichtes Material wie Schlamm und Sand, auch Kies handelte.
Es wurden Spezialschiffe gebaut, um die Fahrrinnen in Flüssen und Häfen für die immer größeren Abladetiefen der Schiffe zu schaffen und zu erhalten. Dabei handelte es sich mehr um große Pontons als um regelrechte Schiffe. Das Oberdeck beherbergte die Reservepferde und die Göpeleinrichtung. Im Unterdeck befanden sich das Holzgetriebe und die Transmissionsseile für die Baggerkette. Mit der großen Radhaspel konnte das Schiff oder der Ponton in die Baggerrichtung weitergeführt werden. Das Baggergut fiel am vorderen Ende der Baggerkette auf eine Rutsche und von dort in eine Schute.
Dieser Kettenbagger arbeitete ab 1734 in Amsterdam. Das Haspelrad sollte auch dazu dienen, die Baggerkette nach oben zu ziehen,

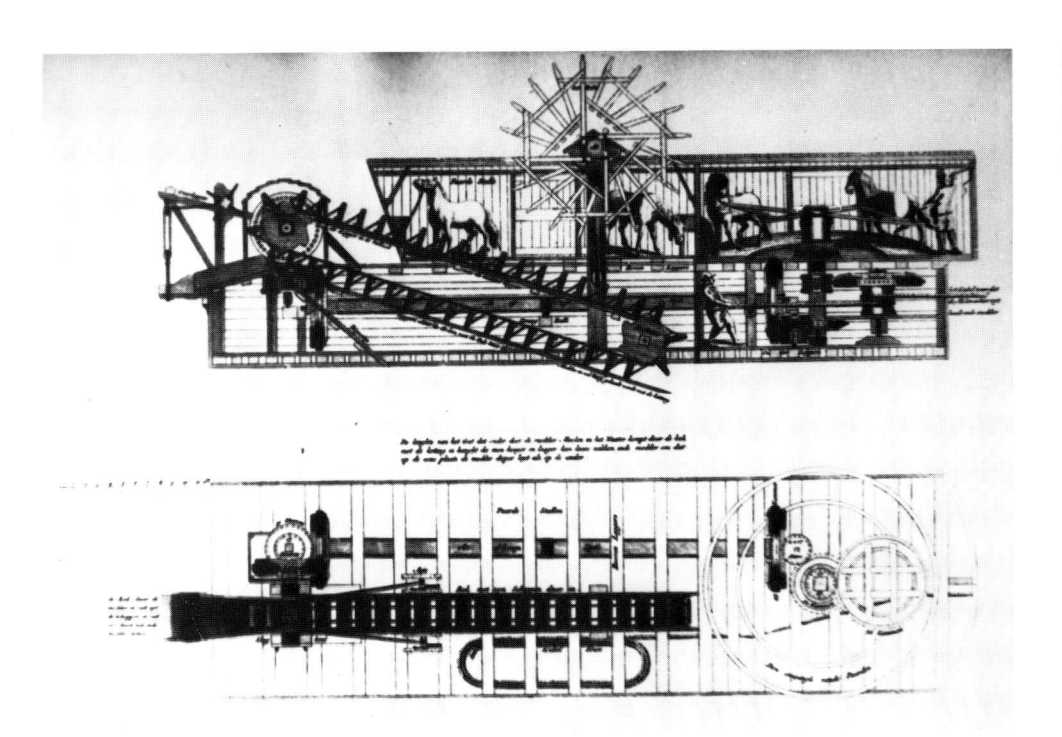

Schaufelkettenbagger mit Pferdegöpelantrieb um 1734. Foto: Deutsches Museum München.

Holländischer Hafenräumer in Amsterdam um 1700. Modell und Foto: Deutsches Museum München.

wenn der Bagger nicht in Betrieb war oder repariert werden mußte. Ein schwimmender Kettenbagger arbeitete ebenfalls in Amsterdam um 1700 im Hafengebiet. Die solide und anspruchsvolle Ausführung läßt hier eine langzeitige Dauereinrichtung vermuten, besonders wenn man weiß, daß Amsterdam durch die Westwinde vom Meer her einer starken Versandung ausgesetzt ist. Das große Haspelrad ist wieder dazu da, die Baggerkette aus dem Wasser herauszuschwenken.

Auch kleinere Baggerbetriebe, vor allem in flachen oder engen Gewässern und Häfen, waren durchaus in der Lage, Baggeraufträge anzunehmen. Das Bild zeigt, wie man sich dies im 18. Jahrhundert vorstellen darf. Dabei waren oft kleine Sprossenräder, die im Sitzen getreten wurden, gut geeignet. Im Betrieb wurde die Handschaufel von einem Mann auf einem Laufsteg geführt. Der Mann

groß, daß er mit Muskelkraft nur durch eine gesundheitsschädigende Plagerei im Tretrad zu bewältigen war. Die mittlere Lebenserwartung lag im 18. Jahrhundert für Männer bei etwa sechsunddreißig Jahren.

Die Antriebsleistungen stiegen bei Baggern in den letzten hundert Jahren bis auf das Hundertfache an. Das war natürlich nur durch die Entwicklung der neuen Kraftmaschinen möglich. Ganz normale Bagger verfügen heute über Antriebsleistungen von hundert Kilowatt und mehr. Für die entsprechenden Arbeiten standen in den vorigen Jahrhunderten gerade ein bis zwei Kilowatt zur Verfügung, wofür im Tretrad sechs bis acht Männer arbeiten mußten. Um so erstaunlicher und fast unglaubhaft ist es, was vor dem Erscheinen der Dampfmaschine geleistet worden ist. Um 1750 existierten zwar einige Flußbagger mit Windradantrieb, de-

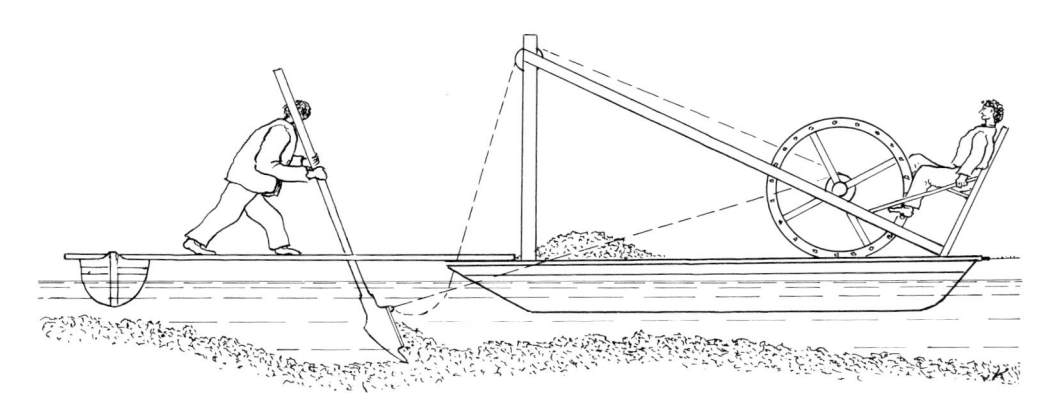

Skizze eines Bootsbaggers im 18. Jahrhundert in kleineren Häfen der Provence.

am Sprossenrad zog mit einem Seil die Schaufel über den Grund. Solche Bootsbagger wurden im 18. Jahrhundert häufig in der Provence eingesetzt.

Es ist kein Zufall, daß die Dampfmaschine sehr früh gerade im Baggerbetrieb zu finden ist. Der Energiebedarf beim Baggern ist so

nen eine Leistung von maximal fünfzehn Kilowatt zur Verfügung stand. Sie arbeiteten zur Vertiefung der Weser. Aber das waren große Ausnahmen und nur an der windreichen Küste möglich. Außerdem waren sie sehr teuer und reparaturanfällig, da solche Leistungen im harten Baggerbetrieb das Bau-

161

material des Baggers, meist Holz, überforderte. Doch für die gleiche Leistung wäre die Muskelarbeit von hundertfünfzig Männern nötig gewesen.

Dieser Vergleich erklärt die fieberhafte Suche nach einer Maschinenkraft. Das bißchen Muskelenergie konnte den hohen Bedarf an Gütern für die vielen Menschen nicht mehr befriedigen.

Der Bedarf an Gütern ist nicht nur eine Folge der Bevölkerungszahl, sondern auch des Lebensstandards und nicht zuletzt vom Luxus stark abhängig. Ein Mann kann im Jahr durch Muskelarbeit eine Energie von etwa hundert Kilowatt Steinkohleeinheiten (SKE) abgeben, also auch verbrauchen. Bei einer Familie von fünf Menschen bedeutet das zwanzig Kilo SKE pro Kopf und Jahr. In einem mittleren, technisch unterentwickelten Land sind es etwa zweihundertfünfzig SKE, in China z. B. rund neunhundert SKE, in den meisten Staaten Westeuropas etwa sechstausendfünfhundert, in den USA um elftausendfünfhundert SKE pro Jahr und Person. Das entspricht der Jahresmuskelenergie von hundertfünfzehn Männern für jeden Bürger eines Lebensstandards, wie ihn die Bewohner in den USA haben. Hat eine Familie drei Kinder, so verbraucht sie die Energie, die fünfhundertfünfundsiebzig Männer ein Jahr lang abgeben könnten. Es wäre natürlich falsch zu sagen, daß tatsächlich die einen Menschen für den anderen das erarbeiten müssen. Die Zahl drückt nur aus, wieviel an Energiestoffen wie Öl, Kohle usw. verbraucht werden müssen, um so zu leben, wie wir es tun, und daß dies niemals mit Muskelkraft zu schaffen wäre. Das war der tiefere Grund für die hastige Entwicklung von Kraftmaschinen und für das Ölfieber. Die Muskelkraft allein reichte nicht einmal mehr zur Deckung der Grundbedürfnisse.

Muskelenergie für das Militär

Die starke Hinwendung zur Technologie im 15. Jahrhundert war keine zufällige Zeiterscheinung. Vielmehr war sie der Ausbruch aus der kirchlichen Knute, die Notwendigkeit, Lebensgüter für eine zu große Bevölkerung zu schaffen, und der Wille, einen freien Lebenssinn zu wecken. Es war der Versuch zur Wiedererweckung der Humanität, der bis heute noch wirksam ist. Die Renaissance bewirkte auf lange Sicht mehr als alle Revolutionen zusammen, die zunächst immer alles Vorhandene zerstören, um darauf ihre neue Vorstellung zu verwirklichen, dann aber selbst wieder zur Macht zu entarten.

Doch auch die Genies der Renaissance waren Kinder ihrer Zeit, und es überrascht, erkennen zu müssen, daß so vom neuen Geist überzeugte Männer wie Leonardo da Vinci, Bacon oder Lorini neben ihrem Einsatz für die Menschen und die Wissenschaft auch Kriegsmaschinen bauten. Aber dieser Widerspruch ist eines der Rätsel der menschlichen Seele. Auch Einstein, Oppenheimer und Teller waren gegen die Unmenschlichkeit angetreten und schufen offenen Auges die Atombombe, die tödlichste Gefahr für alles Leben unseres Planeten; und sie waren einverstanden, daß die erste Atombombe am 6. 8. 1945 über Hiroshima abgeworfen wurde, auf das ganze Volk einer Großstadt, wo in wenigen Minuten hundertdreißigtausend Tote und hundertsechzigtausend Schwerverwundete liegen blieben, Frauen und Kinder in einer unvorstellbaren Feuerwalze. Die Schizophrenie der menschlichen Seele übersteigt jedes vorstellbare Maß. Daran werden wir zugrunde gehen. Wir glauben es nur nicht. Nun, auch der Optimismus kann tödlich sein.

Seit über zweitausend Jahren sind Kriegsingenieure mit der Entwicklung von Schußwaffen, mauerbrechenden Geschossen, Panzern und Kriegsschiffen beschäftigt. Das Militär hatte nie Energiesorgen. Ein Heer von Muskelträgern stand für jeden Zweck und unter jeder Situation zur Verfügung. Die Grundwerkzeuge sind seit 400 v. u. Z. durch Aristoteles (384 bis 322) bekannt und in seinem Buch „Mechanische Fragen" aufgeführt. Es sind: der Hebel, die Gewichte, Flaschenzüge, Axt, Keil und Kurbel, Rad, Rolle und Schleuder sowie Wagen, Zahnräder, Zangen und anderes. Archimedes fügte noch die Schraube bzw. die Schnecke hinzu. Damit kam man fast zweieinhalbtausend Jahre aus. Bereits in Ninive wurden im 9. Jahrhundert v. u. Z. Panzerwagen mit mauerbrechenden Widdern gebaut, die Kettenzüge erhielten, mit deren Hilfe die Rammbalken in ihrer Höhe eingestellt werden konnten. Das Fahrzeug wurde von Soldaten mit größtmöglicher Geschwindigkeit gegen die feindliche Festungsmauer geschoben. Während dieses Vorganges verließ die Bedienungsmannschaft das gepanzerte Fahrzeug und half bei der Beschleunigung des Widders mit.

Die schwere Muskelarbeit, die unter Beschuß stundenlang, ja oft tagelang, geleistet wurde, war mit großen Verlusten verbunden. Das

Gepanzerter Widder in einem Alabaster-Relief aus Nimrud bei Ninive, um 865 v. u. Z.

Kriegsgerät ist weitaus moderner als ähnliche Widder im Mittelalter tausendfünfhundert Jahre später.
Diades, der Kriegsingenieur Alexanders, ließ um 330 v. u. Z. die Spitzen der Rammbalken bereits mit Eisen beschlagen und auf Rollen gleiten, da sie viel zu schwer zum freien Schwingen waren.
Die Geschichtsschreibung der Kriegstechnik ist äußerst umfangreich und umfaßt einen Zeitabschnitt von über dreitausend Jahren. Einige Beispiele, die besonders auf den großen Einsatz von Muskelkraft hinweisen, mögen einen kurzen Einblick in die Energienöte geben, die ja ausnahmslos von Soldaten, Kriegsgefangenen und Sklaven ausgefüllt werden mußten. Auf der Trajan-Säule in Rom sind die „Erzspanner" des römischen Heeres im 1. Jahrhundert u. Z. abgebildet, die die Torsionsseile der Geschütze spannen mußten. Mit ihnen konnte man zu dieser Zeit Steinkugeln mit einem Gewicht von sechsundzwanzig Kilogramm dreihundertsechzig Meter weit schleudern.

Gegen Ende des Mittelalters belebte sich der Erfindergeist spürbar, doch den Erfindern war nicht ganz wohl dabei. Er stand noch unter der Einwirkung, ja gerade unter dem Bann der Religion. Der Ausweg aus dem verlorenen Paradies über die mechanischen Künste, zu denen die Technik zählte, war noch der Hexerei verdächtig mit allen peinlichen Folgen. So war es verständlich, wenn der französische Baumeister Villard de Honnecourt im 13. Jahrhundert die Leser seines „Bauhüttenbuches" bittet, für seine Seele zu beten. Doch König Ludwig der Heilige nahm seine technische Hilfe in der Kriegskunst huldvoll an.

Villard de Honnecourt entwickelte eine Steinschleuder, mit der zwei Steinkugeln gleichzeitig abgeschossen werden konnten.
Mit dem Holz auf der Seilrolle wird das Spannen des Seiles angedeutet, das bei der Entspannung die beiden Gabeln mit großer Kraft und Schnelligkeit hochschnellt. Nach Villard muß das Grundgerüst mit einem Gewicht von 1296 Kubikfuß, also mit rund zehn bis zwölf Tonnen, beschwert werden.
Auch bei Kyeser finden wir eine Wurfmaschine mit Tretradantrieb nach dem Prinzip von Villard, ebenso bei Guido Vigevano, dessen Buch Kyeser kannte. Zwischen dem 6. Jahrhundert – vertreten durch Isidor von Sevilla – und dem 16. Jahrhundert gab es überdurchschnittlich viele Bücher über die

Entwurf einer Armbrustanlage für Schnellfeuerung und Tretrad-Aufzug, nach Leonardo da Vinci um 1588.

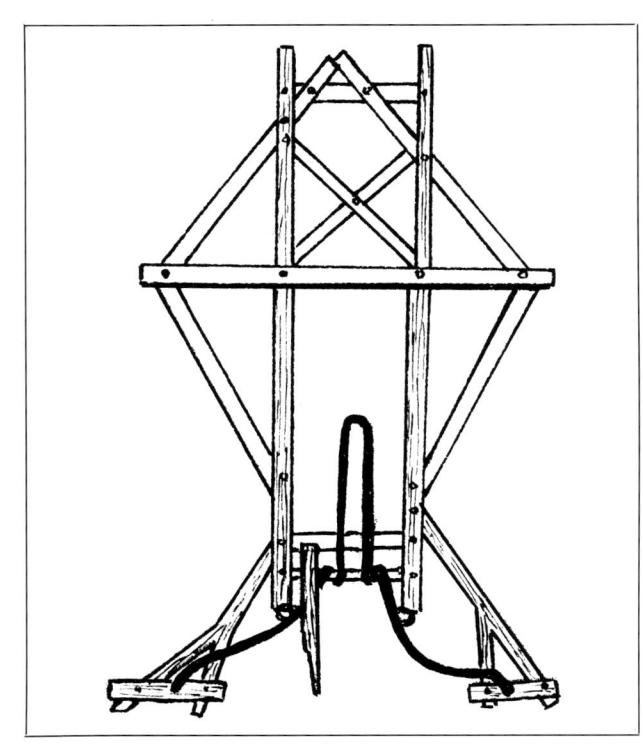

Steinschleuder des Villard de Honnecourt aus seinem Bauhüttenbuch, 1240.

„Kriegskunst" (so hieß es damals). Leonardo da Vinci lebte nur hundert Jahre später als Kyeser. Doch zwischen beiden liegen ganze Welten. Die im Mittelalter aufgestaute Intelligenz machte sich in einem gewaltigen geistigen Ausbruch frei.

Leonardos Armbrust-Schnellwaffe ist von der Idee, technologisch und zeichnerisch geradezu modern, wenn auch die Mittel, das Material und die zur Verfügung stehende Energie noch unzureichend waren.

Der gedachte Feind auf dem Bild muß links angenommen werden. Die vier Männer am Außentretrad, mit dem eine Armbrust nach der andern gespannt wurde, schützt ein schräger Schild. Wie eine Nebenskizze zeigt, arbeiten acht Menschen unentwegt an der Schnellfeueranlage. Dazu kommt noch das Ablösepersonal in zumindest zwei Schichten. Von der Welle des Tretrades, deren Umfang genau dem Spannweg entspricht, wird nacheinander jeweils ein Bogen gespannt, so daß

165

er in der linken waagerechten Lage schußbereit ist. Der Bogenschütze oder ein anderer Mann legt den Pfeil ein und löst den Schuß aus, wenn er sich direkt vor der Luke am Rad befindet.

Leonardo da Vinci entwarf eine Riesenarmbrust, die alles Vorstellbare übertraf. Der Bogen verfügte über eine Spannweite von fünfzehn Metern. Die ganze Armbrust war auf sechs Rädern fahrbar gedacht. Allein die Konstruktion des Bogens verrät das Genie. Der Bogen bestand, wie es heute bei den Kraftfahrzeugen selbstverständlich ist, aus Federstahl-Paketen. Nur waren sie biegsam und konnten nicht brechen. Ein Problem war natürlich, ein meterstarkes Stahlpaket so zu biegen, daß die Sehne einen genügend großen Spannweg erhielt, um das schwere Geschoß kilometerweit zu tragen. Das Spannen der Armbrust sollte so vor sich gehen: Die Sehnenmitte war an einem Schlitten befestigt, der von einer etwa fünf Meter langen Gewindestange geführt wurde. Es war keine leichte Arbeit, die Spindel so lange zu drehen, bis der Schlitten mit der Sehne am hinteren Ende angekommen und dort verankert war. Es geschah mit einer Kurbel mit Schneckenradgetriebe, wie die rechte Nebenskizze andeutet. Der Abschuß der Armbrust erfolgte mit einem Hammer (siehe linke Nebenskizze), der den Zusammenhang von Schlitten und Gewindestange löste. Der Entwurf überstieg bei weitem die damaligen technischen und metallurgischen Möglichkeiten.

Der Wunsch nach großen Schußweiten mit schweren Kalibern mußte im 16. Jahrhundert bereits sehr ausgeprägt gewesen sein, denn auch Ramelli beschäftigte sich damit. Doch er beschritt einen anderen Weg und hielt sich an die damaligen Herstellungsmöglichkeiten. Er löste die überstarke Kraft eines großen, kaum herstellbaren Bogens in drei kleinere auf, die er in einem Kopf zusammenfaßte. Die drei Sehnen fanden sich in einem Schlitten, der über eine Kreuzhaspel zurückgezogen und verankert wurde. Damit konnten Pfeile, Kugeln und Granaten verschossen werden. Zum Schutz der Mannschaft sollten

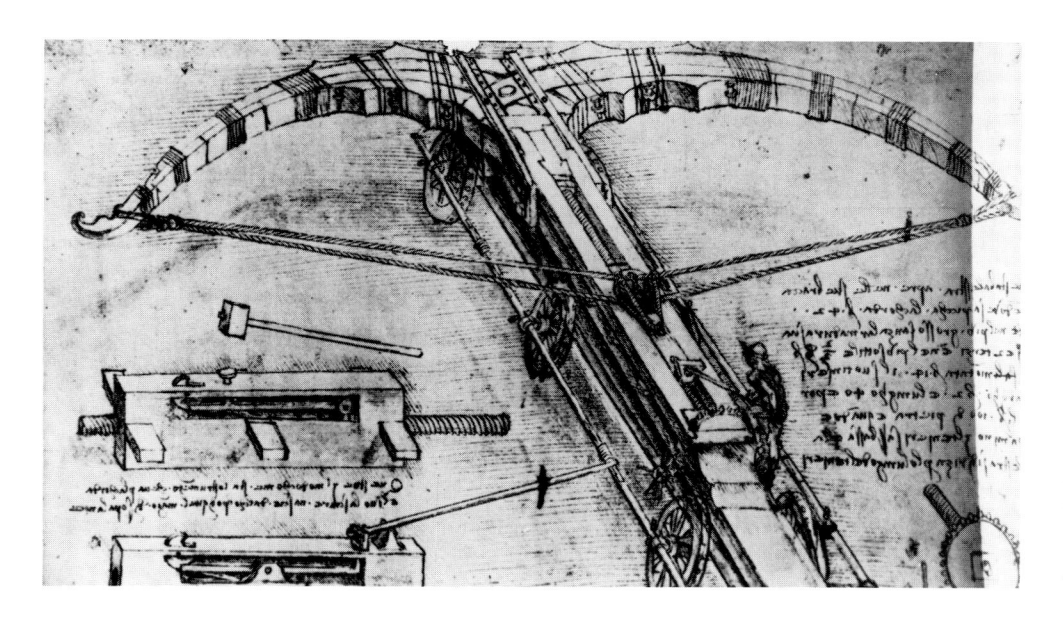

Entwurf einer überdimensionalen Wurfmaschine in Form einer Armbrust mit Handaufzug von Leonardo da Vinci, um 1589.

sandgefüllte Fässer dienen. Die Bögen waren noch nicht, wie bei Leonardo, lamelliert. Da Ramellis Buch „Schatzkammer mechanischer Künste" zuerst in französischer Sprache erschien, ist die Darstellung der Männer in den zeitgenössischen Uniformen Frankreichs verständlich.

Die Armbrust war zwar nach wie vor die gebräuchlichste Waffe, wurde aber doch schon stark von den Feuerwaffen verdrängt. Im Übergangsstadium waren mechanische Geschütze und Kanonen je nach dem Stand der Technik eines Landes in der Entwicklung. Und so gedachte Ramelli die muskelbetriebene Artillerie mit einer „nützlichen und bequemen sowie kunstreichen machina" auszurüsten.

Doch ist diese Wurfmaschine wohl allzu kunstreich, um wirklich furchteinflößend zu sein. Zu viele gefällige Gedanken ergeben noch keine Brauchbarkeit.

Um in eine belagerte Stadt hineinzusehen oder zu -schießen, brauchte man erhöhte Standpunkte, die meist nicht vorhanden waren. Man mußte sie bauen. Es war auch notwendig, für die Artillerie einen Beobachtungsposten aufzustellen. Solche Posten waren immer gefährdet; denn sie waren selbst ein gut sichtbares Ziel. Aus dem deutschen Raum des 15. Jahrhunderts sind uns Belagerungstürme, die fahrbar, aus- und einziehbar waren, bekannt.

Die oberen Stockwerke des Turmes wurden über eine Gewindespindel hinauf- und heruntergekurbelt. Die Spindel selbst lagerte in einer langen Muffe mit Innengewinde. Auf diese Weise konnten die oberen Stockwerke auf die gewünschte Höhe gebracht werden. Vier oder acht Männer drehten wie in einem Göpel die Muffe. Das Gewicht der vollbesetzten oberen Stockwerke darf man auf mehrere Tonnen schätzen, was sowohl für die

Wurfmaschine mit drei Spannbögen für verschiedene Geschosse mit Handspannung durch zwei Männer, nach Ramelli um 1588.

Holzspindel als auch für die Bedienungsmannschaft an der Leistungsgrenze lag.

Das vermehrte Aufkommen der Feuerwaffen und Kanonen im 15. Jahrhundert – das Schießpulver wurde nachweislich zum ersten Mal im Jahr 1232 u. Z. angewendet – machte den Schutz für die Soldaten immer notwendiger. Die Entwicklung des Panzers beschäftigte deshalb schon frühzeitig die Erfinder.

Im Jahr 1420 entwarf Giovanni de Fontana einen Kriegswagen, der von innen mit endlosen Seilen über Rollen von mindestens zehn Menschen vorangetrieben werden sollte.

Fahrbare Wurfmaschine mit drei Wurfarmen mit Handbetrieb, nach Ramelli um 1620.

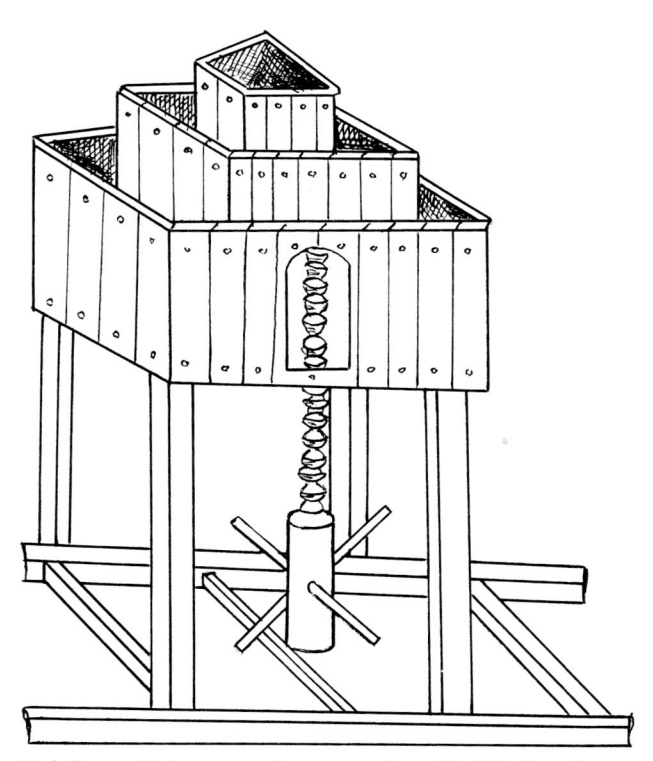

Fahrbarer Belagerungsturm aus dem 15. Jahrhundert.

Nach Feldhaus führte Archinger v. Seinsheim 1421 einen „Sturmschirm, unter dem wohl 100 Mann sicher waren, die Haspel war inwendig". Es handelte sich um einen Mannschaftswagen mit innenliegendem Muskelantrieb. Die Geschichtsschreibung kennt viele solcher Wagen, so aus den Jahren 1447, 1500, 1504, 1526, 1660 usw. Unter den Konstrukteuren war auch der berühmte Albrecht Dürer, der neue kunstvolle Wagen entwarf, selbstverständlich mit Muskelantrieb.

Der Nürnberger Berthold Holzschuher entwarf 1558 einen „Großen Kriegswagen" auf vier Rädern mit Kanonenbestückung, also einen ausgewachsenen Panzer, jedoch mit Muskelbetrieb.

Wenn der englische Franziskaner, Philosoph und Schriftsteller Roger Bacon (1212 bis ca. 1294) über die muskelbetriebenen Kriegswagen sagt: „daß sie mit unglaublicher Gewalt daherfahren", so hat er sicher übertrieben,

Muskelbetriebener Panzerkampfwagen, nach Berthold Holzschuher um 1558.

doch er mußte sie kennen und auch die unvorstellbaren Anstrengungen der Besatzung. Vierhundert Jahre später hatten sich diese Kriegswagen schon zu geländegängigen und amphibischen „Panzern" mit einem Schaufelradantrieb entwickelt. Wir finden bei Ramelli einen solchen muskelbetriebenen Amphibien-Kampfwagen, dessen Form mit einem schrägen Aufbau im Vorderteil schon recht modern ist. In diesem Teil des Kampfwagens befinden sich zwei Schützen. Im Mittelteil ist die Mannschaft untergebracht, zusätzlich zwei bis vier Männer an der Kurbel der Schaufelräder. Über Land wurden die Kampfwagen von Pferden gezogen. Ein Rudergänger ergänzte die Mannschaft.

Amphibische Kampfwagen, nach Ramelli um 1620.

169

Mit Sand gefüllte Körbe schützten die Vorbereitung für den Flußübergang. Die Bewaffnung bestand noch aus Bogen und Pfeilen, die man sich allerdings keineswegs als harmlos vorstellen darf. Die Bogenschützen schossen recht zielgenau, und die Pfeile waren in kurzer Entfernung so tödlich wie später die Gewehrkugeln aus größerer Entfernung. Die damals bereits vorhandenen Kanonen, die aus Bronze bestanden, waren für Fahrzeuge noch viel zu schwer und hätten durch ihren Rückschlag den Wagen gefährdet.

Die Kanonenrohre wurden im 15. Jahrhundert meist so gefertigt, daß man die Bronze über ein entsprechendes Rundholz goß. Anschließend mußte der genaue Innendurchmesser des so entstandenen Bronzerohres durch Maschinen nachgebohrt werden, häufig in senkrechter Lage des Rohres.

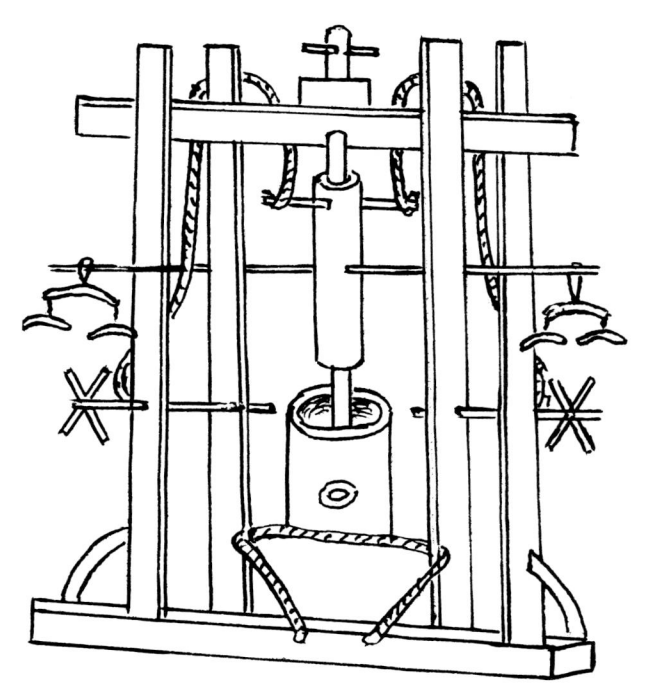

Geschützbohrmaschine mit Göpel und Haspel, um 1450.

Eine Handschrift im Germanischen Nationalmuseum in Nürnberg aus dem Jahr 1450 zeigt eine Bohrmaschine mit senkrechter Bohrrichtung. Die Bohrmaschine wird sowohl von einem Tiergöpel als auch von Kreuzhaspeln bedient. Die Zeichnung gibt der Zeit entsprechend nur die Funktion an, nicht aber die genaue Ausführung. Das Gestell der Maschine müßte so breit ausgelegt sein, daß die Tiere des Göpels innerhalb der Pfosten gehen können.

Mit dem Tiergöpel wurde das Bohrfutter gedreht. Der Energieaufwand läßt darauf schließen, daß man schon recht große Späne abhob. Die Kreuzhaspeln gaben den Vorschub für den Bohrer frei, dessen genauer Bohrweg von einer Spindel mit Handgriff (ganz oben) bestimmt wurde. Damit hatte man den Bohrvorgang sehr genau im Griff. Einer solchen genialen Primitivität von Werkzeugmaschinen stünden wir heute hilflos gegenüber und würden sagen, daß das nicht funktionieren kann. Es ging aber. Man muß sich das vorstellen: Zwei Kühe gehen um eine Maschine und drehen ein Bohrfutter. Zwei Männer stehen dazwischen und lassen über Haspeln ein Seil so weit herab, daß der Bohrer, den wir uns lieber nicht genau anschauen, in seinem Wirkungsbereich hängt, und ganz oben steht der Meister, der vorsichtig Millimeter für Millimeter den Drehstahl einführt.

Rüstungsindustrie im Jahre 1450! Sie konnte allerdings nicht so völlig aus der Kontrolle geraten, daß sich die zwei mächtigsten Männer der Erde, die sich ideologisch spinnefeind sind, zusammensetzen müssen, um das Überleben der Menschheit und allen Lebens überhaupt, vielleicht noch vor dem Untergang zu retten, während in der Zwischenzeit zuhause sich die Rüstungsspirale unaufhaltsam weiter dreht.

Geschützwerkstätte aus „Nova Reperta", nach Stradano 1570.

Wie rasend sich die Rüstung in hundert Jahren steigern kann und immer schon konnte, zeigt uns ein Kupferstich von Galle nach Jan van Straet (Johannes Stradano) von einer Geschützgießerei aus dem Jahr 1570. Stellen wir dieses Bild dem vorhergehenden gegenüber, so werden wir erschrecken, wie steil so eine „Fortschrittskurve" ansteigen kann.

Der Kupferstich zeigt im Hintergrund einen Schmelzofen für Bronze mit Holzfeuerung und Gebläse, das von einem Mann (links) im Tretrad betätigt wird. Rechts befinden sich der Abstich und die Wanne. Daneben liegen mißratene Stücke, die wieder eingeschmolzen werden. Vorne links sind die Gußputzerei und ein Flaschenzug zu sehen. Der Unterschied zu einem kleineren Betrieb zwischen den beiden Weltkriegen ist ziemlich gering. Aber auch die architektonische Verbrämung und die vornehme Kleidung können die Enge, die Hitze und die Schwere der Arbeit nicht verschleiern, was auch nicht beabsichtigt war. Durch das Fenster kann man während der Arbeit die grausame Nutzanwendung der Werkstattarbeit beobachten: ein Glanzstück der menschlichen Bewußtseinsspaltung.

Der Mann im Tretrad ist ein Hilfsarbeiter, dessen ununterbrochene Arbeit wichtig, schwer und schlecht bezahlt war. Er konnte sonst nichts als treten. Er wußte noch nicht, daß Wissen Macht ist, wenn meist auch nur ein kleiner Zipfel von Macht, doch immerhin.

Leonardo da Vinci, der stets versuchte, Arbeitsvorgänge auf das Notwendigste zurückzuführen, hatte 1487 eine Zeichnung angefertigt, in welcher die Zusammenstellung einer Kanone mit der Lafette in einer Gießerei dargestellt wurde. Dreißig nackte Männer bemühen sich unter Anspannung aller Kräfte um die Arbeit. Sie reichten gerade aus, obwohl schon einige mechanische Hilfen wie Flanschzug, Schlitten und Rollen zur Verfügung standen. Leonardo kannte den Umgang mit schweren Gewichten von seinen künstlerischen Gußarbeiten her. Er mußte sich ja bereits beim Entwurf der Denkmäler Gedanken über deren Ausführung machen, zu der ihm nur Stangen, Böcke, Rollen, Flaschenzüge und die Muskelkraft beliebig vieler Menschen die Energie brachten oder umsetzten. Die Skizze von Leonardo ist ein beredtes Beispiel für die geballte Muskelenergie der vergangenen Jahrhunderte.

Man weiß von Leonardo, daß er vorwiegend oder nur deshalb einen militärischen Auftrag angenommen hat, weil ihn gerade artverwandte Arbeitsmethoden wissenschaftlich oder künstlerisch beschäftigten.

Es gab bis ins 19. Jahrhundert kaum eine Arbeit, die ohne schwere Muskelarbeit und nicht selten im Göpel oder Tretrad zu bewerkstelligen war. Allein das Stampfen von Schießpulver, das bekanntlich schneller verbraucht wird, als es herzustellen ist, kostete viel Schweiß. Das Bildmaterial darüber ist sehr reichlich. Greifen wir ein Beispiel aus dem 15. Jahrundert heraus. Unser Unbekannter aus den Hussitenkriegen hängt über einen Kasten, in dem sich das Gemisch von Holzkohle, Salpeter und Schwefel befand, Stößel an einem Gestell auf. Eine waagerechte Welle mit kurzen Querleisten – heute würden wir sie eine Doppelnockenwelle nennen – hebt bei jeder Umdrehung zweimal die Stößel, die ebenfalls mit Querleisten versehen sind, hoch, die durch ihr Eigengewicht wieder herunterfallen und damit die Stampfarbeit verrichten. Eine Schwungscheibe sorgt für einen gleichmäßigen Ablauf. Die Welle wird mit einer Kurbel von einem oder zwei Männern, die sich auch ablösen können, gedreht.

Aus dem Jahr 1470 ist das Aquarell eines Unbekannten erhalten. Darauf werden die einzelnen Stampfen von je einem Mann bedient, wobei die Stößel nur von Hand hintergestoßen werden und Holzfedern die Stößel zurückholen. Diese Methode ist auch aus dem Jahr 1411 überliefert.

Meist siedelte man die Pulvermühlen und Pulverstampfen wegen ihrer Gefährlichkeit am Ortsrand an. So brannte zum Beispiel im Jahr 1360 das Lübecker Rathaus infolge der Explosion einer Pulverstampfe ab. Der älteste gesicherte Nachweis einer Pulverstampfe, die von Sträflingen bedient wurde, ist ein Erlaß des Verwalters des königlichen Galeeren-

Geschützmontage in einer Gießerei, nach Leonardo da Vinci um 1487.

hauses von Rouen vom 11. Juli 1338. Weil der Pulverbedarf gewaltig zunahm, mußten schon bald die Windmühlen die Pulvererzeugung übernehmen.

Nach diesem kurzen Querschnitt des Einsatzes von Muskelkraft für das Militär, über das man ganze Bände füllen könnte, wollen wir die Disziplin der organisierten Menschenschlächterei – man spricht ja, ohne sich dabei etwas zu denken, ganz selbstverständlich vom Schlachtfeld – hinter uns lassen. Hier soll der Hinweis genügen, daß auch das Militärwesen ohne die Arbeit im Göpel oder Tretrad bis vor zweihundert Jahren nicht auskam. Für kleine Stromaggregate, die im Ersten Weltkrieg noch von Pferdegöpeln betrieben wurden, gibt es auch heute Verwendung, da für das Funkwesen die Sicherstellung von elektrischem Strom unabdingbar ist. Doch das sind so kleine Leistungen, daß sie von einem Mann mit einer Tretkurbel leicht erbracht werden können. Die höheren Leistungen werden von Diesel-Aggregaten sichergestellt.

So sind die Muskelkraftmaschinen ab 1918 auch für alle Zeiten aus dem Militärwesen ausgeschieden, das zu überwinden wir anscheinend nicht in der Lage sind. Volle Waffenarsenale verführen immer zu einer Begehrlichkeit nach Weltmacht, in dem Irrglauben, daß dann keine Gründe für Kriege mehr vorhanden sein werden. Doch auch bei den Völ-

Schießpulverstampfe mit Kurbel und Schwungrad, um 1430.

kern gibt es wie in der Atomphysik so etwas wie eine kritische Masse, die nicht überschritten werden kann, ohne daß sie auseinanderfällt. Die menschliche Bindungskraft reicht nicht aus, um alle Menschen zu vereinen.

173

Schiffahrt und Muskelkraft

Die Schiffahrt fing vor ungefähr neuntausend Jahren sehr unscheinbar an. Zunächst flochten die Menschen gewölbte Flöße, deren Zwischenräume mit Lehm verschmiert wurden. Als Paddel dienten die Hände. Mit der Zeit wurden die Boote schön rund und mit Fellen überzogen. Hölzerne Paddel waren ein weiterer Fortschritt. Das Rundboot war leichter geworden und konnte überallhin mitgenommen werden. Damit konnte man auch prächtig Fische fangen. Die runde Bootsform hat sich bei manchen Völkern bis heute erhalten. Natürlich wurden die Boote ständig verbessert und aus Holz geformt. Es dauerte etwa zweitausend Jahre, bis die ersten einigermaßen seetüchtigen Segelboote im Mittelmeer auftauchten, die bei Windstille gerudert werden mußten.
Um 1500 v. u. Z. verfügten die Ägypter bereits über Ruderboote von sechzig Meter Länge mit über hundert Ruderern, die nur noch Energieträger waren. Die Galeerenschiffahrt für Handel und Seekrieg begann sich abzuzeichnen. Aber die Fischerei, der Handel und die Personenbeförderung im privaten und beruflichen Bereich waren zu allen Zeiten die überwiegende und segensreiche Aufgabe der Schiffahrt rund um den Globus. Noch heute, am Ende des 20. Jahrhunderts, ist die Anzahl der Segelschiffe weitaus größer als die aller Motorschiffe, wenn auch nicht tonnagemäßig.

Das Rudern erfordert die Muskeln des ganzen Körpers, auch wenn man nur ein einziges Ruderblatt bedienen muß. Solange man das nur für den eigenen Bedarf oder für die Belieferung eines kleinen Marktes tun muß, kann man nicht von unzumutbarer Schwerarbeit sprechen. Um beim Thema des Buches zu bleiben, werden deshalb nur die Fälle dargestellt, bei denen Menschen auf langen Ruderbänken schwere, ununterbrochene Arbeit am „Riemen", wie man in der Seefahrt die Ruderblätter nennt, leisten müssen, wo der Riemen sozusagen zum Göpelbaum wird.
Um 2500 v. u. Z. befuhren die Ägypter auf dem Unterlauf des Nils die mit Rahsegeln und Rudern bestückten Vorläufer der späteren Dauen, die auch heute noch anzutreffen sind. Bei ausreichender Windstärke heißten sie ihr großes viereckiges Rahsegel. Bei Windstille oder schwachem Wind mußten etwa zwanzig Männer pullen. An Flußstellen mit starker Strömung gingen die Männer an Land und treidelten mit Seilen das Schiff vom Ufer aus flußaufwärts.
Tausend Jahre später wagten sich unter König Tutmosis III. die Ägypter mit ihren Schiffen, die nun von über fünfzig Männern gepullt wurden, über das Mittelmeer bis nach Syrien, das sie unterwarfen. Sie begründeten damit den Seehandel zwischen Syrien und dem heutigen Somalia. Die Ruderer, Unfreie, die von einem Aufseher im Rücken angetrie-

Ägyptische Dau mit Rahsegeln und zwanzig Ruderern, um 2500 v. u. Z. Der Rudergänger links steuert das Ruder mit einer langen Pinne von Hand, das Segel ist aufgerollt und liegt waagerecht. Die Ruderer sitzen je zu zweit auf einer Bank.

ben wurden, pullten im Stehen. Das ist eines der frühesten Bilder, die den Menschen als Energiesklaven am Riemen in der Seefahrt zeigen. Das Schiff selbst hatte noch einen Kiel, mit dem das Kentern weitgehend vermieden wurde. Der Großbaum am Mast lag hoch genug, um im Stehen zu rudern, so daß man zusammen mit dem Segel die Fahrgeschwindigkeit erhöhen konnte. Das war im Ernstfall von entscheidender Bedeutung.

Diese Überlegung führte zu immer mehr und breiteren Ruderbänken. Auf dem freien Meer wurden die Ruderer selten angekettet. Doch die Schiffe fuhren damals meist in Küstennähe, da sie in der Regel nicht hochseefest waren. Außerdem gab es noch keine brauchbaren nautischen Geräte.
Aber auch bei Fahrten auf dem Nil war keine Ankettung erforderlich, da die gefährlichen Nil-Krokodile jede Flucht verhinderten.

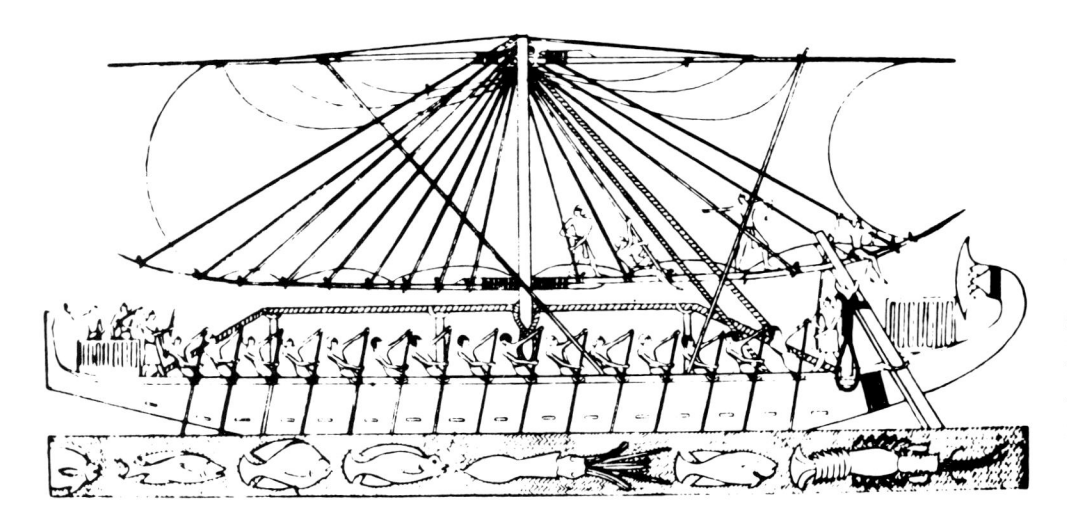

Größeres ägyptisches Segelschiff mit zwanzig bis dreißig Ruderern, um 1500 v. u. Z. Wie das Bild nachweist, hat die Rudermannschaft bereits ein eigenes Ruderdeck.

Vermutlich kamen die Phönizier noch früher zur Seefahrt als die Ägypter. Schon vor fünftausend Jahren befuhren sie die Küsten des Mittelmeeres mit großen Rundbooten. Von ihnen übernahmen die Assyrer den Schiffbau, zunächst ebenfalls mit Rundschiffen. Sie fuhren anfangs direkt am Ufer entlang. Die Fahrzeuge wurden mit allen Bewegungsarten wie Staken, Rudern, Ziehen und Treideln von Menschen und Tieren vorangebracht.

In dem vom Meer umgebenen Griechenland und Kreta war der Bau von seetüchtigen Schiffen lebensnotwendig und wurde zügig vorangetrieben. Dem Zusammenspiel von Wirklichkeit, Mythen und Kunst verdanken wir tiefe Einblicke in die Kultur des frühen Griechentums. Auf einem Becken befindet sich ein Relief eines großen Schiffes mit achtzig Ruderern, verteilt auf Backbord- und Steuerbordseite und auf zwei Decks. Das Halbrelief stammt aus der Zeit um 750 v. u. Z., also aus einer Zeit, als die Götter noch sehr engen Kontakt bei ihren Ausflügen zur Erde mit den Menschen hatten. Das Steinbild stellt die Hochzeitsreise von Theseus mit Ariadne von Knossos nach Athen dar. Sie waren keine Götter, aber göttlicher Abstammung.

Für uns ist das Schiff in technischer Hinsicht interessant, das in dieser fachmännischen Gestaltung von einem Künstler nicht hätte entworfen werden können, wenn er es nicht gesehen hätte. Seit den Ausgrabungen von Heinrich Schliemann ist es offensichtlich geworden, daß die griechische Mythologie einen massiven realistischen Kern besitzt.

Es handelt sich bei dem Schiff eindeutig um eine Galeere, die von kriegsgefangenen Sklaven gerudert wird. Der freie Grieche konnte für eine solche Arbeit nicht gewonnen und gezwungen werden. Mit der Entstehung der Kriegsflotten entstanden geradezu zwangsläufig große und schnelle Galeerenschiffe, die einer hohen Energie bedurften, die eben mit der Anzahl der Ruderer bestimmt wurde, die, nachdem sie Sklaven waren, mit brutaler Gewalt zu Leistungen, die über der Norm lagen, gezwungen werden konnten.

Assyrisches Rundboot mit Pferden, Eseln und sieben Mann Besatzung aus dem 7. bis 8. Jahrhundert v. u. Z. Das Bild entstammt einem Relief am Palast des Sanherib in Ninive.

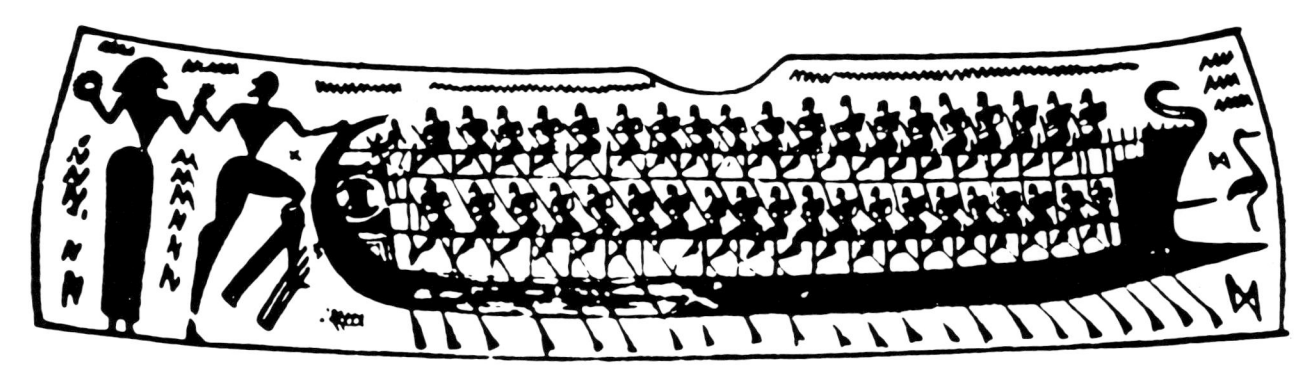

Relief in Theben von einer Diere (Schiff mit zwei Ruderdecks) des Theseus, um 750 v. u. Z.

Auch die zweistöckigen Dieren reichten nicht mehr aus, als die Perser in Kleinasien neben einem starken Heer eine große Flotte aufstellten, um mit der Eroberung Griechenlands das Mittelmeer beherrschen zu können. Doch die Griechen waren die besseren Schiffsbauer und besseren Seeleute. Ihre Flotte bestand in der Hauptsache aus schnellen und wendigen Trieren (Schiffen mit drei Ruderdecks), die in der Schlacht bei Salamis unter Themistokles im Jahr 480 v. u. Z. den Sieg für Griechenland entschieden. Die Perser unter Xerxes mußten fliehen.

In der nachfolgenden dreißigjährigen Friedenszeit unter Perikles entstanden die großartigen Tempel auf der Akropolis in Athen. Der bauleitende Künstler war Phidias. Auf dem Fries des Tempels der Göttin Athene,

Frühe attische Triere aus dem 6. Jahrhundert v. u. Z. mit etwa einhundertfünfzig Ruderern nach einem Relief im Fries des Parthenons in Athen, 432 v. u. Z.

dem Parthenon, entstanden von 448 bis 432 v.u.Z., ist eine Triere als Halbrelief eingemeißelt, der die Griechen ihre Rettung vor den Persern verdankten. Ohne diesen Dreiruderer hätte die abendländische Kultur nicht in dieser Vielfalt entstehen können.

Bei Salamis saßen auf den Ruderbänken freie griechische Soldaten, die, nachdem sich die persischen Schiffe in der Enge verkeilt hatten, mit ihren Schwertern auf Deck kämpften. Die griechische Flotte belief sich auf zweihundertsiebzig Schiffe. Die hundertfünfzig Ruderer je Schiff ergeben sich dadurch, daß an den etwa fünfzig Riemen jeweils drei Männer pullten, die durch die Rufe eines Vormannes in Takt gehalten wurden. Sklaven erschienen den Griechen nicht wehrwürdig.

Das war nur in wenigen Ländern so, auch in der Niedergangszeit der griechischen Staaten nicht. Und die Seefahrt wurde unsicher. Zweitausend Jahre Galeerenschiffahrt, besetzt mit Kriegsgefangenen, Unfreien und Sklaven machten alle Meere zum Tummelplatz der Seeräuberei. Im kleinen Rahmen gibt es sie auch heute noch. Das Heer der Unglücklichen auf den Ruderbänken rekrutierte sich aus Matrosen versenkter Schiffe, Verbrechern, Unerwünschten, Andersgläubigen und den Piraten. Die Piraterie nahm in Europa zeitweise so überhand, daß kaum noch Schiffe ungeplündert ihr Ziel erreichten, wenn überhaupt. Im Jahr 67 v. u. Z. reinigte der römische Feldherr Pompeius das Mittelmeer gründlich von den Piraten. Es war der gleiche Pompeius, der den Sklavenaufstand des Spartacus ohne Erbarmen niederwarf, derselbe schillernde Mann, der sechshundert Löwen im Kolosseum in Rom aufeinanderhetzte.

Doch die Piraterie erholte sich immer wieder, bis es im 19. Jahrhundert mit den modernen Kriegsschiffen gelang, die Piratennester, im Mittelmeer vor allem an der Küste Algeriens, auszuheben. Die kleine Piraterie nimmt seit einigen Jahrzehnten in unserem Jahrhundert, vor allem im Bereich der Antillen und des Fernen Ostens, wieder zu.

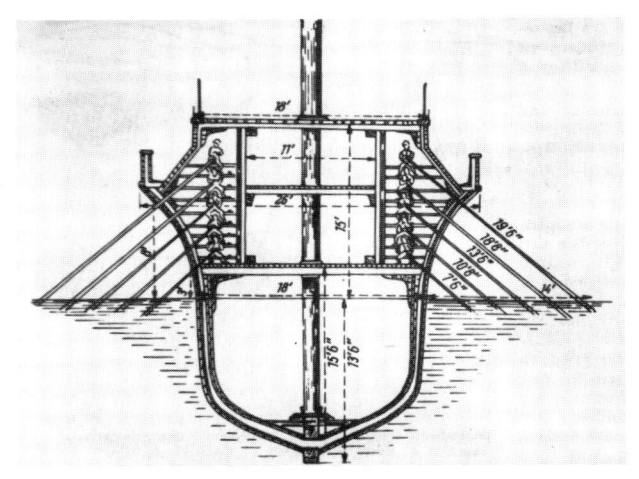

Querschnitt durch eine Pentere (Schiff mit fünf Ruderdecks).

Die früheren Galeerenschiffe, die im Auftrag von Staaten und Handelsgesellschaften die Meere befuhren, entwickelten sich bis zu Okteren, also Schiffen mit acht Ruderreihen und Mannschaftsstärken bis über zweihundert Ruderern. Es waren die größten Muskelkraftmaschinen, die es jemals gab. Die Menschen arbeiteten unter den härtesten und unmenschlichsten Bedingungen. Sie waren auf den kleinstmöglichen Raum konzentriert. Ihre Bewegungen am Riemen waren sekundengenau aufeinander eingestimmt.

Das Rudersystem war durch die verschieden langen Riemen recht kompliziert; denn alle Riemen mußten vollkommen synchron bewegt werden und zur selben Sekunde im Wasser eintauchen. Galeerenruderer zu sein, gehörte wohl zu den schlimmsten Schicksalen, die einen Menschen im Laufe seines Lebens treffen konnten.

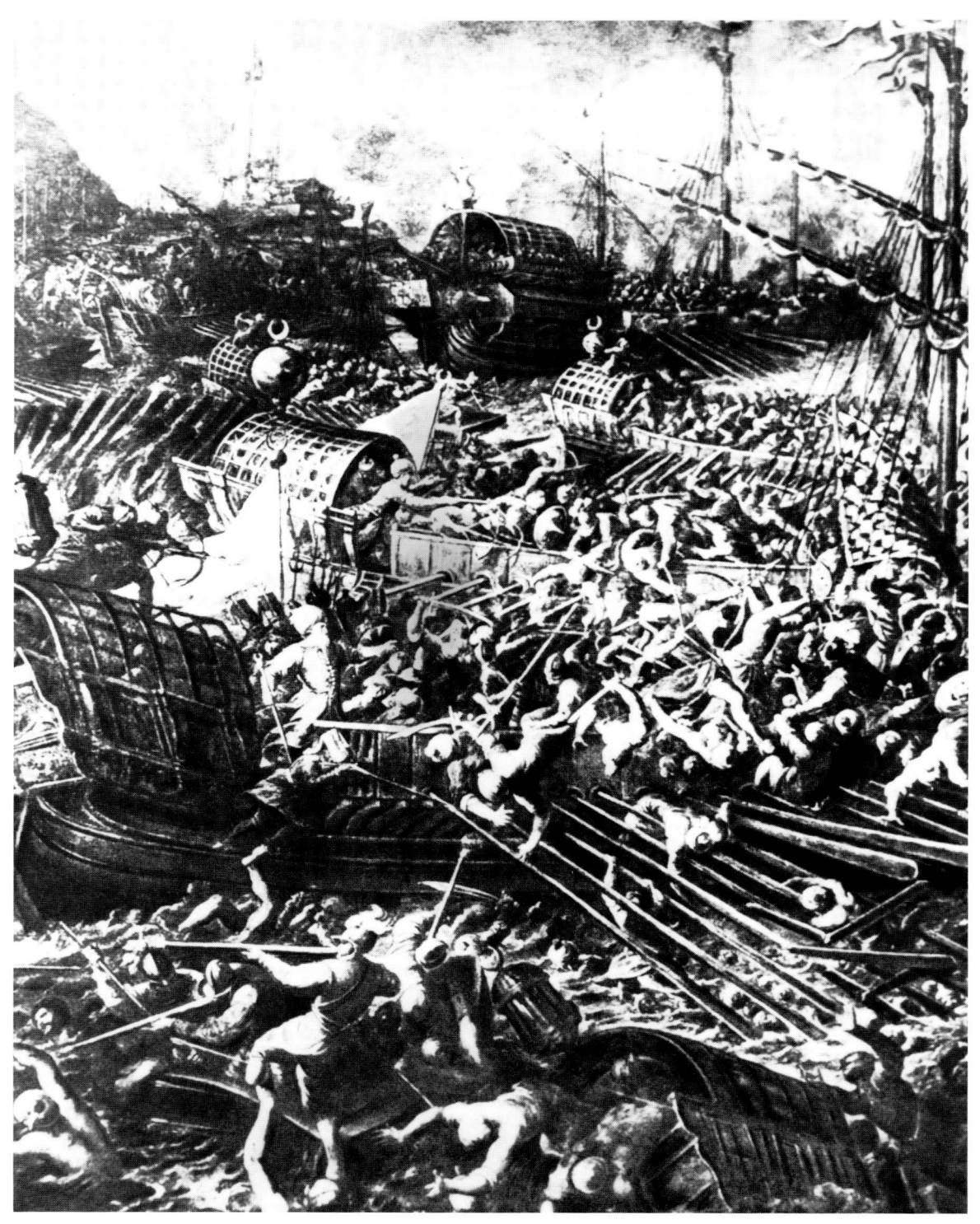

Seeschlacht bei Lepanto nach einem venezianischen Gemälde.

Die letzte große Galeerenschlacht fand 1571 bei Lepanto im Golf von Korinth zwischen der türkischen Flotte und den vereinigten Flotten Spaniens, Venedigs und des Papstes statt. Es war der letzte große Ansturm der Türken gegen Europa, bei denen die Türken vernichtend geschlagen wurden, sieht man von dem Angriff 1683 auf Wien ab. Bei dieser Seeschlacht waren auf den Ruderbänken über hunderttausend Galeerensklaven angekettet, die Hälfte davon auf christlicher Seite. An der Schlacht nahmen fast fünfhundert Schiffe teil. Einer der unglücklichen Sklaven war Miguel de Cervantes Saavedra, der Schöpfer des Don Quijote. Er war damals vierundzwanzig Jahre alt und wurde schwer verwundet.

Als sich die Schiffe so ineinander verkeilt hatten, daß keine Bewegung mehr möglich war, und die Schlacht zum fürchterlichen Nahkampf wurde, versprach man den Sklaven die Freiheit, wenn sie sich am Kampf auf Deck beteiligten und siegten. Es waren nicht allzu viele. Diese Seeschlacht war wohl die totalste und brutalste Ausnutzung in einer riesenhaften Muskelmaschine bis zur Hinmetzelung von Zehntausenden von Menschen an einem Tag auf beiden Seiten. Wen erschüttert so etwas noch? Heute werden von den großen Atommächten wissenschaftliche Gutachten erarbeitet, ob ein Atomkrieg nicht doch gewonnen werden kann.

Gehen wir wieder in die Antike zurück, von der uns nur die Mittel unterscheiden. Rom hatte um die Zeitenwende seinen militärischen Höhepunkt. Es beherrschte praktisch ganz Europa und die Mittelmeeranrainer. Mit der Ermordung Caesars aber drohte es in zwei Hälften auseinanderzufallen.

Antonius, der Rächer Caesars, wurde Herr des Ostens des Römerreiches und zusammen mit der Königin Cleopatra auch Ägyptens. Das konnte zu dieser Zeit noch nicht gut gehen. Elf Jahre später verlor Antonius die Seeschlacht bei Aktium an der Westküste von Griechenland 31 v. u. Z. gegen Westrom. Cleopatra, die mit über vierzig Schiffen an der Schlacht gegen Rom teilgenommen hatte, rettete Antonius, indem sie ihn mit ihrem Flaggschiff mit purpurroten Segeln, einer Pentere, aus dem Schlachtgewirr herausholte und mit ihm und dem Rest ihrer Flotte nach Alexandria zurückfuhr. Aber Octavian, der spätere Kaiser Augustus, erschien ein Jahr später vor Alexandria. Antonius stürzte sich in sein Schwert, und die kultiviertere Cleopatra führte eine kleine Giftschlange an ihre Brust. Ihr Plan, Ägypten mit Hilfe Caesars und Antonius' wieder zu befreien, war gescheitert.

Über die Galeeren Roms zu dieser Zeit sind keine genauen Angaben aufzufinden. Meist waren es Schiffe mit mehreren Ruderdecks, manche hatten wohl auch Segel. Aber sie dürften den ägyptischen Schiffen im ganzen unterlegen gewesen sein. Die Stärke Roms war die Landstrategie. Ein Relief am Fortuna-Tempel von Praeneste gibt uns Aufschluß über eine römische Monere, also ein Schiff mit einer Ruderbank, mit nur einem Gefechtsturm, ein auf See mehr oder weniger brauchbares Requisit der Landkriege. Die Ruderer auf den römischen Schiffen waren Sklaven aus allen Ländern der römischen Eroberungen.

Verlassen wir Rom und seine Galeeren, die man mit Abänderungen bei den meisten Völkern von Ägypten bis zur Nordsee antreffen konnte.

Die Schiffahrt der Chinesen beschränkte sich lange Zeit auf die Flußschiffahrt. Die Entstehung und die Festigung des großen Reiches gegen die umliegenden Völker, vor allem die Mongolen, führte immer wieder zu Einsätzen

Römische Monere mit „Schlachtturm" aus der Flotte von Aktium.

Chinesisches Panzerschiff als Monere, um 1510 nach Wu Ching Tsung Yao.

von Kriegsschiffen auf dem Yangtse im Norden, schon im 11. Jahrhundert u. Z. Die Schiffe waren Moneren, bei denen die einzige Ruderbank mit Hartholzschilden gepanzert war. In dem Buch von Wu Ching Tsung Yao aus dem Jahr 1044 soll ein solches Schiff abgebildet gewesen sein. Jedenfalls befindet es sich in dem späteren Druck von 1510.

Ob es sich bei den Ruderern um freie Chinesen handelte, die schwer rudern mußten, oder Soldaten, wie es das Bild zeigt, ist nicht ganz sicher, was auch nicht sehr wesentlich war; denn man konnte von heute auf morgen Soldat sein. Die Arbeit am Riemen blieb die gleiche.

In der Ming-Dynastie wuchs das Interesse an der Seeschiffahrt. Man ging auf einen anderen Schiffsantrieb über, den man eigentlich in Europa suchen würde. Nach einem Bild aus der Enzyklopädie von 1628 hatten die Kriegsschiffe einen Schaufelrad-Antrieb, der von Menschen unter Deck mit Kurbeln oder Treträdern in Bewegung gesetzt wurde. Es sollen Schiffe mit einer Länge von hundert Metern gewesen sein, die zweiundzwanzig Schaufelräder besessen haben. Man datiert sie auf das 12. Jahrhundert u. Z. Sie erhielten wegen ihrer hohen Geschwindigkeit den Namen „Fliegender Tiger".

Die Erwähnung des Tretradantriebes durch Menschen bei Schiffen mit Schaufelrädern, die bereits aus dem 12. Jahrhundert bekannt sind, dürfte zutreffen, da eine solche Zusammenstellung kinematisch das Einfachste ist. Die Schaufelradwelle ist gleichzeitig Tretradwelle. Mit Sicherheit kann man auch annehmen, daß ein einziger Mensch im Tretrad nicht ausgereicht hat. Rechnet man für ein Kriegsschiff insgesamt zwanzig Schaufelräder mit je vier Mann Besatzung, so ergibt das achtzig Männer unter Deck in den Treträdern. Eine schreckliche Vorstellung. Das war

Chinesisches Schaufelrad-Schiff mit Tretradantrieb, nach einer chinesischen Enzyklopädie von 1726.

wohl nur Verbrechern zuzumuten bzw. aufzuzwingen.

Auch in Mitteleuropa ist der Gedanke an Schaufelrad-Schiffe mit Tretrad- oder Göpelantrieb ziemlich früh aufgekommen, und zwar in einem Kriegsbuch aus dem Jahr 527 u. Z. Der unbekannte Autor des Buches „De rebus bellicis" beschreibt und bildet ein Schiff ab, das drei Schaufelradpaare besitzt, die von je einem Ochsen im Göpel angetrieben werden sollten. Die zugehörigen hölzernen Winkelgetriebe befanden sich unter Deck. Als Steuerruder für das Schiff diente, wie damals üblich, ein Paddel. Das zusätzliche Segel konnte von Deck aus bedient werden. Die Zeichnung ist in einem klassischen

183

Schiff mit Schaufelrädern, angetrieben von drei Ochsengöpeln und Segel, nach einem Anonymus von 527 u. Z.

Schaufelrad-Schiff mit Handkurbel des Anonymus des Buches „Bellifortis" um 1410.

Stil angefertigt, was darauf deuten könnte, daß sie aus einer späteren Zeit stammt, da vielleicht die alte Zeichnung aus dem 6. Jahrhundert unklar oder nicht vorhanden war.
Neunhundert Jahre später finden wir nicht nur bei Kyeser ein Schiff mit Schaufelrädern, sondern auch in dem Buch des unbekannten Autors um 1410 die Abbildung eines Bootes mit Schaufelrad, das von einem Mann mit einer Kurbel in Bewegung gesetzt werden sollte. Die Qualität der zeichnerischen Darstellung lag, wie wir sehen, im 14. Jahrhundert weit hinter der Zeit um tausend Jahre zurück. Neuerungen und Erfindungen liegen sozusagen in der Luft. Ohne voneinander zu wissen, beginnen Menschen fast zu gleicher Zeit über die gleichen Ideen nachzudenken. Das traf ganz besonders auf die Zeit der Renaissance zu, in der alles aufgegriffen wurde, was irgendwie verbesserungsfähig und -würdig war. Es war selbstverständlich, daß auch Leonardo da Vinci die Menschen von den Ruderbänken befreien wollte. Es war ihm vor allem klar, daß die Arbeit der Arme am Riemen durch die kräftigere und dem Körper zuträglichere Beinarbeit abgelöst werden mußte. Der künstlerische, wissenschaftliche und technologische Aufbruch im 15. Jahrhundert sollte auch die Schiffahrt erfassen. Achttausend Jahre rudern genügte.
Obwohl Leonardo etwa zur gleichen Zeit eine Luftschraube für Bratenwender und damit auch die Propellerturbine erfunden hatte, dachte er nicht daran, daß diese Schraube auch der günstigste Schiffsantrieb sein könnte. Und so blieb bis in die Mitte des 19. Jahrhunderts der Schaufelradantrieb das einzige Fortbewegungsmittel in der Schiffahrt, wenn wir von den Segeln einmal absehen. Schon 1543 plante Blasco de Garay in Barcelona, beim Bau des 200-Tonnen-Schiffes „Dreifaltigkeit" zwei Schaufelräder zu verwenden,

Entwurf eines Schaufelradantriebes mit Fußpedalen, nach Leonardo da Vinci um 1500.

die von vierzig Männern im Tretrad betrieben wurden. Auch die Dampfschiffe fuhren zunächst mit Schaufelrädern über die Ozeane. Sogar die Archimedesschraube wurde um 1830 als Schiffsantrieb verwendet. Dabei brach ein großer Teil der Schraube ab, mit dem verblüffenden Ergebnis, daß das Schiff nunmehr schneller fuhr. Die eingewindige Schiffsschraube, der Propeller, war erfunden und fand bereits 1838 Verwendung in einem Schiff, das man aus Dankbarkeit „Archimedes" taufte.

Die Muskelarbeit zum Antrieb von Schiffen endete endgültig im 19. Jahrhundert. Übrig blieb noch eine kurze Zeit das Treideln von Schiffen, also das Ziehen der Schiffe mit Seilen durch Menschen und Tiere. Noch heute erkennt man an den Ufern von Flüssen alte Treidelwege. Es ist für viele kaum vorstellbar, von wie wenigen Menschen ein Schiff mit tausend Tonnen Ladung durch Seile in Bewegung gebracht werden kann. Aber die Reibung von Wasser ist eben sehr gering. Erst in der Fahrt treten Strömungswiderstände auf, deren Energie etwa mit der dritten Potenz mit der Geschwindigkeit des Schiffes steigt. Die Beanspruchung der physischen Kräfte von Treidelknechten kommt somit sehr schnell an die physische Grenze. Diese Anstrengung übernimmt auf längeren Treidelstrecken kein freier Mann, und wenn es ihm noch so schlecht geht. Doch es gab und gibt immer Menschen, die keine Wahl haben, weil sie aus irgendeinem Grund keine freie Willensentscheidung treffen konnten, sei es, daß sie Straf- oder Kriegsgefangene waren, oder daß sie von Geburt an keine Bürger- oder Menschenrechte beanspruchen konnten.

In Rußland waren zwar nach dem Krim-Krieg 1856 offiziell alle Bauern aus der Leibeigenschaft entlassen worden, doch damit änderte sich nicht unbedingt viel in der Abhängigkeit; denn sie waren nach wie vor auf eine Stelle als Landarbeiter des Grundstückseigentümers angewiesen, aus der ihnen nur die Arbeitsmöglichkeiten der beginnenden Industrialisierung heraushalfen.

Es bedarf immer dreier nachfolgender Generationen, um eine gute Idee und einen echten Fortschritt vollkommen zu verwirklichen. In der umgekehrten Richtung geht es meist schneller.

Das russische Gemälde zeigt elf Leibeigene beim Treideln eines größeren Schiffes. Man erkennt deutlich, wie die Muskeln und der ganze Körper bis zum Zerreißpunkt angespannt sind. Es ist überhaupt kaum faßbar, was so schwache Muskeln wie die des Menschen vermögen. Wo es die Treidelpfade zuließen, setzte man Pferdegespanne ein. In dieser Muskelkraftmaschine ersetzten die Seile den Göpelbaum. Die Menschen mit den Seilen waren Kraft- und Arbeitsmaschinen zugleich.

Russische Treidelknechte im 19. Jahrhundert, nach einem Gemälde.

Wo das Treideln noch nötig ist, übernehmen heute die Motorschlepper die Arbeit und in Ausnahmefällen noch einige Pferde.
Wie weit die Entwicklung der Energieumformung gegenüber dem Stand der Arbeitsmaschinen im 19. Jahrhundert hinterherhinkte, wird uns besonders deutlich am Beispiel der Unterwasserschiffahrt.
Die Idee von Unterwasserschiffen soll schon Alexander d. Gr. im 4. Jahrhundert v. u. Z. gehabt haben. Doch erst etwa zweitausend Jahre später wurden aus der Idee von Unterwasserbooten genauere Vorstellungen. Von den vielen Versuchen, Unterseeboote mit Muskelantrieb zu bauen, seien nur einige herausgegriffen.

Im Jahr 1624 tauchte der Holländer Drebbel mit einem hölzernen U-Boot auf der Themse vier Meter tief. Weitere Versuche startete der Engländer Halley um 1690. 1692 tauchte Papin, der Erfinder der Dampfmaschine, in der Fulda mit einem Boot, aber nicht mit Dampfkraft. Auch Bernoulli beschäftigte sich praktisch mit diesem Thema, und der Engländer Day tauchte 1774 mit einem umgebauten Schiff im Hafen von Plymouth. Dann sprang der Funken in die USA über. Bushnells „Turtle" war schon in allen Einzelheiten durchdacht. Es war ein großes Holzei, in dem ein Mann saß und entweder an der horizontalen oder an der waagerechten Schiffsschraube drehte. Unter den Armen hatte er

Das Unterseeboot „Hunley" 1863 mit Kurbelantrieb.

eine Ruderpinne, und mit den Füßen konnte er über Ventile und eine Pumpe den Wasserballast verändern. Seine Bewaffnung war „furchterregend": Mit einem von innen zu bewegenden Drillbohrer konnte er die Bilgenbretter von Schiffen anbohren. Außerdem hatte er eine Sprengmine außen haften. Der Durchmesser des in senkrechter Stellung fahrenden Eies betrug zweieinhalb Meter. Der Entwurf stammt aus dem Jahr 1776.

Zu Beginn des 19. Jahrhunderts nahmen die Entwürfe der Unterseeboote eine längliche Form an wie die „Nautilus" 1801 von Fulton. Im Jahr 1863 kam es zum ersten Kriegseinsatz: Das U-Boot des Amerikaners Hunley versenkte ein Schiff der Südstaaten. Es wurde mittels einer langen Kurbelwelle, an der acht Männer drehten, über eine Schiffsschraube fortbewegt.

Nun, Erfinder gibt es überall, und Außenseiter haben oft die besten Ideen. Die Versuche des bayerischen Unteroffiziers Wilhelm Bauer in den Jahren 1851 bis 1858 erbrachten als Ergebnis einen U-Boottyp, den man als einen Vorläufer der heutigen U-Boote ansehen kann.

Bauer tauchte insgesamt 134mal mit verschiedenen, nach seinen Plänen gebauten eisernen

Unterseeboot „Seeteufel" von Wilhelm Bauer um 1860 mit vier Treträdern.

Unterseebooten wie dem „Brandtaucher" und dem „Seeteufel". Die Tauchtiefen erreichten etwa fünfzehn Meter. Der „Seeteufel" faßte bereits eine Besatzung von zwanzig Mann. Davon arbeiteten acht Matrosen in vier großen Treträdern für den Antrieb der Schiffsschraube. Es gab zwar schon Dampfmaschinen, aber diese konnten in geschlossenen Räumen ohne Sauerstoffzufuhr und Kühlung nicht arbeiten. So blieb auch um 1860 für das Unterseeboot als Energiemaschine wiederum nur das Tretrad übrig, das von Menschen betätigt wurde. Als Unteroffizier hatte Bauer bei der Durchsetzung seiner Konstruktionen, in einer Zeit, wo der Mensch beim Leutnant anfing, große Schwierigkeiten, und so beförderte ihn der russische Zar zum Oberstleutnant.

F. M. Feldhaus zählt die Namen von dreißig Männern auf, die sich mit der Entwicklung von U-Booten beschäftigten. Mehrere von ihnen mußten ihr Leben unter Wasser lassen. Erst der Dieselmotor, für den Rudolf Diesel im Jahr 1892 sein Patent erhielt, und der Elektromotor schafften die Voraussetzungen für einen allseitigen und langzeitlichen Einsatz von Unterseebooten auf allen Meeren. Sie wurden eine gefährliche Waffe auf den Meeren und vor allem für die Besatzungen selbst. So kehrten im Zweiten Weltkrieg von mehr als elfhundert U-Booten Deutschlands nach dem Krieg nicht einmal vierhundert zu-

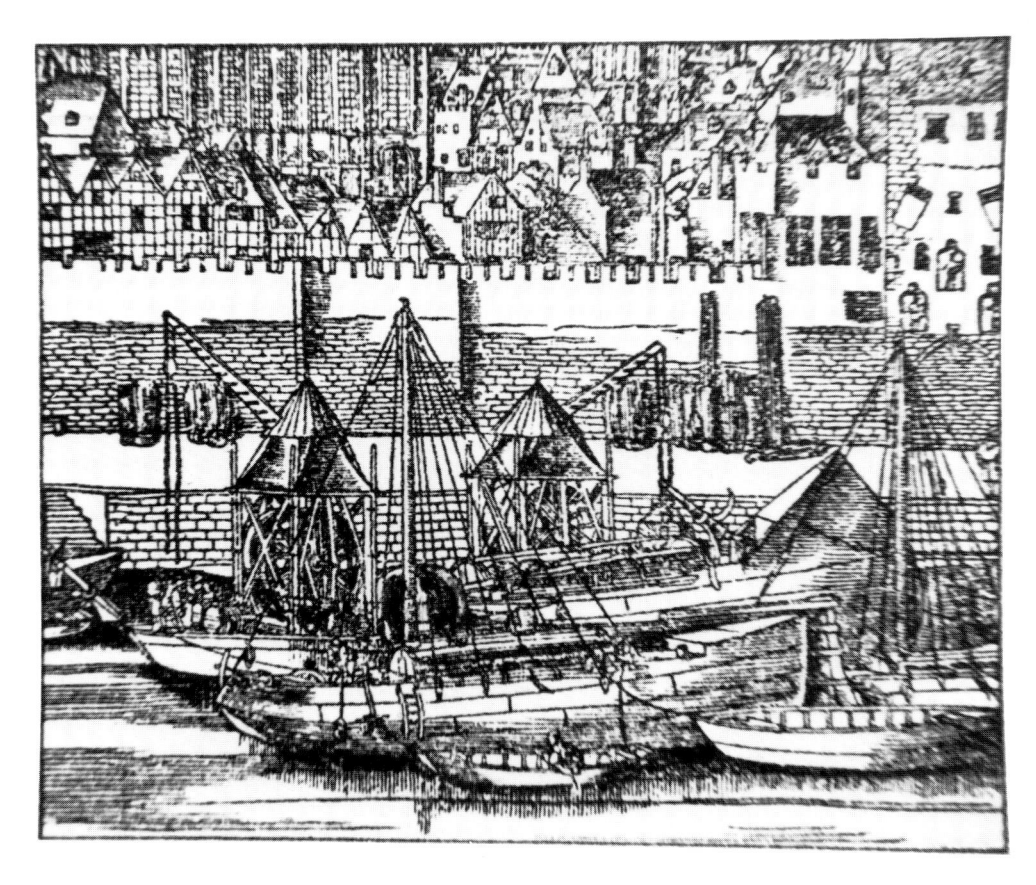

Kranschiffe auf dem Rhein bei Köln, um 1531.

Kammer-
schleusen mit
Göpelantrieb
nach Zonca,
1607.

rück und von rund vierzigtausend Seeleuten nur etwa ein Viertel.

Nicht nur die Fortbewegung der Schiffe erforderte zu allen Zeiten große Energiemengen, auch die direkten Dienstleistungen für die Schiffahrt sind oft recht energieintensiv, so zum Beispiel bei Frachtschiffen der ganze Verladebetrieb mit den Kränen auf den Schiffen und an den Kais. Schon seit einem halben Jahrtausend sind spezielle Kranschiffe in den meisten Häfen zu finden, die für Umladungen von Waren und Gütern von Schiff zu Schiff oder für Bergungsarbeiten benötigt werden.

Ein Holzschnitt der Stadt Köln um 1531 zeigt auf dem Rhein gleich mehrere Kranschiffe mit aufgebauten Treträdern für die Schiffskräne.

Die Flußschiffahrt hat ihre eigenen Probleme und Einrichtungen. Für die Schiffbarmachung von Flüssen müssen diese nicht nur ausgebaggert, sondern auch aufgestaut werden, um die nötige Wassertiefe zu erhalten. Diese Staustufen haben zur Folge, daß bei den Wehren Schiffsschleusen gebaut werden müssen, mit deren Hilfe die Schiffe auf die andere Staukote hinauf- oder hintergebracht werden können. Dabei handelt es sich um große und sehr gewichtige Vorrichtungen, die bewegt werden müssen, wenn sich die Abflußmengen des Flusses ändern oder wenn geschleust werden muß. Das Flußwasser kann ja nicht zurückgehalten werden. Die Zuflußmenge muß stets sofort und kontinuierlich weitergegeben werden. Im Jahr 1607 entwarf bereits Vittorio Zonca eine Stauschleuse, deren obere und untere Schleusenkammertore mit je einem Göpel von zwei Männern geöffnet oder geschlossen wurden. Das Öffnen und Schließen der Kammertore war keine schwere und langzeitige Arbeit, aber mit einem Tretrad ging es leichter und vor allem gleichmäßiger. Man hatte die Bewegungen besser unter Kontrolle. Das glei-

Antrieb einer Helling mit Pferdegöpel, nach Zonca um 1585.

che galt auch für den Göpel, den Zonca anwendete.
Bei jedem Torgöpel waren zwei Männer eingesetzt, da die Tore ja unter starkem Wasserdruck standen, zu der noch eine Strömung hinzukam. Die Zugelemente für die Tore waren Ketten, die auf die Göpelwelle aufgewickelt oder von ihr abgewickelt wurden.
Kahnschleusen waren keineswegs Erfindungen des 16. Jahrhunderts. Sie sind nur größer geworden.
Schon der griechische Geschichtsschreiber Diodorus Siculus erwähnte in seiner vierzigbändigen Universalgeschichte um 20 u. Z. die Schleusen des Kanals zwischen dem Nil und dem Roten Meer, den Ptolemaios I. um 260 v. u. Z. hatte bauen lassen. Die Schiffe wurden vermutlich getreidelt. Die Schleusentore waren ebenfalls der Muskelkraft anvertraut. Am Anfang des 9. Jahrhunderts u. Z. ließ Karl der Große (768 bis 814), dessen Reich bei seinem Tod von den Pyrenäen bis zur Elbe reichte, die nach ihm benannte Fossa Carolina beginnen. Dieser Kanal sollte den Rhein mit der Donau verbinden. Das war nicht ohne viele Kahnschleusen möglich, die kaum fünf Tonnen tragen konnten. Doch das Vorhaben war seiner Zeit zu weit voraus, um politisch oder technisch gelingen zu können. Erst nach zwölfhundert Jahren wird diese Idee durchgeführt. Für die heutigen Schiffsgrößen bemessen nimmt ihre Verwirklichung trotz der Hochtechnik unserer Zeit aus finanziellen und politischen Gründen siebzig Jahre in Anspruch. Dieses Projekt europäischen Maßstabes wird nun endgültig zu Beginn der neunziger Jahre unseres Jahrhunderts vollendet sein. Die Schleusen fassen nunmehr eine Schubschiffeinheit von fünftausend Tonnen. Staustufenhöhen von fünfzehn Metern und mehr waren früher im Holzbau natürlich unmöglich. Wenn zwei Meter überschritten

Tretrad zum Antrieb einer Stauschütze am Lech in Augsburg, um etwa 1920.

wurden, behalf man sich mit Schrägaufzügen. Die Schiffe mußten dann über Land von Menschen und Tieren gezogen werden. Das dauerte mehrere Stunden. Meist bediente man sich der Pferdegöpel mit Hilfe großer Übersetzungen mittels Holzgetriebe, wie sie aus dem Mühlenbau bekannt waren. Binnenschiffe, die laufend über solche Schrägaufzüge befördert werden mußten, baute man manchmal teilbar, wie wir es auf dem Bild von Zonca sehen.

Die Schiffe wurden mit Seilen auf Holzgleitflächen und einem Schmiermittel gezogen.

Auch die Staueinrichtungen der Flüsse, die Wehre und Schützen, brauchen große Bewegungskräfte, da es sich um große Massen handelt, die zudem noch sehr langsam verändert werden müssen, um die Wasserführung nicht zu beunruhigen. Zu den großen Gewichten kommt noch hinzu, besonders bei den Schützen, daß in ihren Führungsnischen große Reibungskräfte auftreten, die beim Verstellen überwunden werden müssen.

Die technischen Möglichkeiten und Größenordnungen nahmen in den letzten hundert Jahren so atemberaubend zu, daß man trotz der Erfindung des Elektromotors, der auf der Entdeckung des elektrodynamischen Prinzips 1866 durch Werner von Siemens beruht, natürlich nicht in kurzer Frist an jeder Stelle den elektrischen Strom zur Verfügung haben konnte. So kam es, daß man bis in das erste Jahrzehnt des 20. Jahrhunderts in Einzelfällen noch zum Tretrad greifen mußte, das damals eigentlich schon als Fossil galt.

So wurde eine Stauschütze am Lech in Augsburg bis nach dem Ersten Weltkrieg mit einem Tretrad bewegt. Es drängte niemanden, den Schützenantrieb zu modernisieren, denn es war keine schwere Arbeit, die vom Staustufenpersonal nebenbei erledigt werden konnte.

Entwurf einer schwimmenden Stadt anfangs des 19. Jahrhunderts, angetrieben von zwei Lokomotiven in großen Schaufelrädern.

Nach dem Ersten Weltkrieg wurde es in Mitteleuropa und anderen Hochindustriegebieten der Erde still um Treträder und Göpel. Man brauchte sie nicht mehr und vergaß sie sehr schnell. Aber im Süden und Osten unseres Kontinents haben sich in der Landwirtschaft in den entlegenen Gebieten die Tiergöpel, meist mit Ochsen oder Eseln, erhalten, und es ist überhaupt kein Grund vorhanden, daran etwas zu ändern. Sie sind zuverlässig, wirtschaftlich und überfordern auch die Tiere nicht. Bei den geringen Wassermengen, um die es sich hier handelt, ist diese Arbeit leichter als die im Pflug.

Zum Schluß sei noch ein origineller Gedanke aus dem vorigen Jahrhundert vorgestellt, der den oft ans Grenzenlose reichenden Erfindergeist sichtbar werden läßt, ohne daß ein physikalisches oder mechanisches Gesetz verletzt wird. Der Hang zum Gigantismus wächst ja bekanntlich mit den Möglichkeiten. Das erleben wir täglich, ob es sich um die Kontrolle des Weltraumes handelt oder um eine schwimmende Stadt.

Die Idee einer schwimmenden Stadt hatte bereits ein Bürger des vorigen Jahrhunderts. Er nahm zwei Riesenschaufelräder, verlegte in sie Geleise oder besser Zahnstangen, setzte darauf je eine möglichst schwere Lokomotive und ließ dazwischen eine Stadt, wenigstens andeutungsweise, entstehen. Eine Stadt mit zwei „Treträdern" sollte die sieben Weltmeere befahren.

Der Erfinder wird tausend Gründe dafür angeben können, doch den Sinn müssen wir selbst ergründen. Das kann uns niemand abnehmen. Nicht alles, was möglich ist, muß von Nutzen sein.

Nachschau

Das Studium der Muskelkraftmaschinen, die über Jahrtausende hin die einzige Energie waren, die den Menschen zur Verfügung standen, blättert eine neue Seite der Geschichte auf, die tiefe Einblicke in das tägliche Leben gibt. Sie läßt uns den Mut, die Ausdauer und die Leidensfähigkeit bewundern.

Nichts belohnte die Menschen für ihre täglichen Strapazen als die gegenseitige Liebe in der Familie und der Stolz darüber, nicht aufgegeben zu haben, obwohl ihr Einsatz oft lebensgefährlich war.

Alle Arbeiten mußten auf die mühseligste und einfachste Weise getan werden. Es war nicht ihre Schuld, daß sie unter so schweren Bedingungen leben mußten, und es ist nicht unser Verdienst, daß wir heute in Wohlstand leben können. Freuen wir uns darüber! Ohne den Fleiß, die Zähigkeit und den Erfindungsreichtum unserer Vorfahren hätten wir nicht den Weg aus der Tretmühle gefunden. Wir sind ihnen Dank schuldig.

Wir sollten heute etwas zurückhaltender mit den Begriffen „Leistungsdruck" und „neuer Armut" umgehen. Wir leben, verglichen mit unseren Ahnen, in einem nahezu paradiesischen Zustand, mit dem fertig zu werden wir unsere Probleme haben. Dazu kann uns das Wissen um die Härte des Lebens ohne Energie helfen.

Für eine dürftige Mahlzeit vor dem 19. Jahrhundert schindete man sich fünfzehn Stunden am Tag bis zur Erschöpfung. Heute bemüht man, um eine Schachtel Zigaretten aus dem nächsten Automaten zu holen, fünfzig Pferdekräfte im Wagen für ein paar hundert Meter Weg. Das ist viel mehr, als die Menschheit jemals erträumte, zu viel, um zum Leben eine normale Beziehung zu behalten. Wird es sich auf das richtige Maß einpendeln?

Bildnachweis

Bayerische Staatsbibliothek: 70

Universität Halle: 29, 30

Museumsdorf Cloppenburg: 52, 53, 81, 93

Deutsches Museum München: 13, 16, 23, 24, 27, 75, 88, 115, 117, 160

Feldhaus-Lexikon: 29, 33, 63, 68, 92, 103, 107, 139, 152, 173, 184

Archiv v. König: 9, 10, 14, 16, 19, 22, 25, 26, 31, 32, 48, 56, 64, 68, 100, 103, 147, 155, 161

Neuburger, Technik des Altertums: 21, 176

Pfriemer Verlag, Mensch + Wasser: 21, 27

Struik Publishers/Johannisburg: 41, 50, 128

Troitsch, Die Technik: 53, 192.

Die Ziffern beziehen sich auf die Seitenzahl.

Literaturnachweis

Agricola, De re metallica 1556, Nachdruck Düsseldorf 1977

G. Arnold, Bilder d. Geschichte d. Arbeitsmaschinen, München 1972

G. Arnold, Bilder d. Geschichte d. Kraftmaschinen, München 1968

O'Brien, Die Maschinen, Reinbek 1969

Brenties, Richter, Sonnemann, Geschichte der Technik, Leipzig 1978

Burchard/Brentjes, Die Araber, Leipzig 1971

de Caus, Von Gewaltsamen Bewegungen 1615, Nachdruck Hannover 1977

Devliegher L., Roßmolens, Bokrjiks/Holland, 1976

Durant, Bilder zur Kulturgeschichte, München 1979

V. Duray, Die Welt der Griechen, München 1971

DVD-Bildungswerk Band I u. II, Braunschweig 1954

P. Eisele, Babylon, München 1980

F. M. Feldhaus, Die Technik, ein Lexikon der Vorzeit, Nachdruck Wiesbaden 1970

F. M. Feldhaus, Der Weg in die Technik, Leipzig 1934

K. Gallas, Kreta, Köln 1974

M. Geitel, Siegeslauf der Technik Bd. I u. II, Stuttgart 1912

B. Gille, Ingenieure der Renaissance, Düsseldorf 1968

G. Gottschalk, Die großen Pharaonen, München 1979

J. Hawkes, Bildatlas der frühen Kulturen, München 1980

Herder/Monnikendanz/Woestenburg, Leeghwater, Hoorn/Holl. 1975

L. Hunter, Waterpower, Virginia/USA 1979

J. Irmscher, Lexikon der Antike, Leipzig 1985

Kiaulehn W., Die eisernen Engel, Hamburg 1953

v. Klinkowstroem, Knaurs Geschichte der Technik, Stuttgart 1959

F. v. König, Energiealternativen, Ravensburg, 1983

F. v. König, Bau von Wasserkraftanlagen, Karlsruhe 1985

F. v. König, Windkraft vom Flettnerrotor, München 1980

F. v. König, Das praktische Windenergielexikon, Karlsruhe 1982

Kurzel-Rutscheiner, Meister der Technik, Wien 1957

Leonardo, Reti (Hrsg.) Stuttgart 1974

Leupold, Theatrum machinarum 1753, Nachdruck Hannover 1982

L. Mumford, Mythos der Maschine, Frankfurt 1980

A. Neuburger, Die Technik des Altertums, Leipzig 1977

G. Neudeck, Kleines Buch der Technik, Leipzig 1905

Nissen (Hrsg.), Glück zu, Heide 1981

Ottenjann H., Museumsdorf Cloppenburg, Eigenverlag 1984

Pawlak, 7000 Jahre Handwerk, Herrsching 1980

Ramelli, Schatzkammer mechanischer Künste 1620, Nachdr. Hannover 1976

RoRoRo, Vom Ackerbau zum Zahnrad, Stuttgart 1969

H. Schreiber, Welt der Chinesen, Düsseldorf 1978

H. Signon, Agrippa, Frankfurt 1978

Skasa-Weiß, Wunderwelt der Technik im Deutschen Museum, München 1975

N. Smith, Mensch + Wasser, München 1978

Stöcklein A., Leitbilder der Technik, München 1969

S. Strandh, Die Maschine, Freiburg 1980

H. Straub, Der eiserne Seehund, München 1982

Troitzsch/Weber (Hrsg.), Die Technik, Braunschweig 1983

Varchim/Radkau, Kraft, Arbeit, Energie, Reinbek 1981

VDI/Kretschmer, Bilddokumente römischer Technik, Düsseldorf 1967

Velikowsky, Die Seevölker, Frankfurt 1978

Vergil, Aeneis, 1502, Nachdruck Wiesbaden 1984

J. Walton, Water-, Wind-, and Horsmills, Johannisburg, 1974

W. Weber, Sklaverei im Altertum, Düsseldorf 1978

J. Zahn, Nichts Neues mehr seit Babylon, Hamburg 1979

C. Zentner, Zentners Geschichtsführer, München 1980

Stichwortverzeichnis

A

Abraham a Sancta Clara 108
Abraum 119, 142, 143
Abraumbagger 143
Abydos 36
Afrika 62
Agatharchides 113
Ägypten 23, 24–26, 108, 132, 175
Agricola 115–125, 127
Akkad 22
Akropolis 179
Alexander d. Gr. 113, 164
Amphibienfahrzeug 169
Amsterdam 159
Andernach 149, 150
Aeneis 136
Antipater 88
Archimedes 25
Archimedesschraube 16, 31, 32
Ariadne 178
Aristoteles 28, 136
Armbrust 165
Arno 142
Assyrer 132
Assyrien 11, 21, 28, 98, 99
Astronomie 107

B

Babylon 22, 29, 133

Bäckerei 64
Bacon 33, 168
Bagger 142, 153 ff.
Bären 48
Bauer, Wilh. 187
Baukran 131, 137, 145
Bauwesen 131
Belagerungsturm 168
Belgien 49, 82, 84
Belidor de 157
Bergbau 111 ff.
Besson 19, 92, 110, 148, 155
Bewässerung 15, 21, 49
Bevölkerung 11, 52
Bewetterung 119, 120
Biringuccio 102
Blasbalg 119, 120, 121
Böckler 72
bohren 90, 101–104
Bokrijk 83
Bootsbagger 161
Brandtaucher 188
Brunelleschi 68
Büchsenmacher 102
Brueghel, P. 133, 134, 159

C

Caesar 113
Capua 138
Caus de 36, 91, 146

Cherubin 92
China, Schiffahrt 182, 183
chin. Bewässerung 15, 16
chin. Schleifmaschinen 107
chin. Spinnmaschinen 97
chin. Wasserhebeanlage 30
Chios 113
Cloppenburg 52, 69, 81, 93
Computer 52

D

Dau 176
Diamantwaschmaschine 127, 128
Diderot 78, 80
Diere 178
Dioderus 191
Drehbank 90, 91 ff., 92, 93
Drehkran 140
Dreschmaschine 54 ff., 59, 82
Dresch-Schlitten 50
Dreschwalze 51, 52
Dürer, A. 168

E

Erdöl 103
Erzförderung 121–126
Erzmühle 127
Esel 35
Etrusker 138
Eyth, M. 24

F

Feilen 90
Feldbebauung 14 ff., 49 ff.
Feldmühle 68
Flachscheuer 94, 96

Flußbagger 161
Flußschiffahrt 183
Fontana, Domenico 99
Fontana, Giovanni de 154, 168
Förderkorb 122, 124
Fugger 127
Fulton 187

G

Galeere 175, 177, 180, 181
Gent 81
Geschützbohrmaschine 102, 170, 171
Getriebe 146
Gießerei 171
Giorgio, Francesco di 66, 68
Gold 111, 129
Göpeleinrichtung 25, 27, 30, 39, 52, 81 ff.
Göpelhäuser 55, 82–85
Grabstock 13
Greifbagger 157–159
Grützenmühle 69
Grubenentwässerung 114–117

H

Hafenräumer 143, 160
Haiti 14
Hammurabi 22
Handmühle 62, 63, 64
Handwerk 89
Hargreaves 97
Harsdörfer 33
Haspel 72, 90, 103, 116 ff., 155
Heinzenkunst 114
Helling 190
Herculaneum 31
Herodot 24, 56
Hesiod 111
Hiroshima 163

Holland 82
Holzschuher, B. 168, 169
Homer 28, 64, 101
Hund 122
Hundegöpel 55
Hunly 187

I

Indien 25
Industrie 89
Inquisition 33

J

Jeremia 36

K

Kammerschleuse 189
Kanalbau 142, 143, 144
Kanonen 84, 167, 171, 172
Karl d. Gr. 133, 135
Karthago 51, 136
Keilpresse 58
Kind, K. G. 104
Knetmaschine 56
Kolbenpumpe 17, 34, 36, 116
Köln 188
Kran 145-152
Kranschiff 190
Kriegswagen 168, 169
Ktesibios 17, 35
Kurbelwelle 66
Kuttenberger Graduale 124, 125
Kyeser 41, 140, 164, 184

L

Ladekran 148
Landwirtschaft 49, 59, 84
Lehrling 93
Leistung 72
Leonardo da Vinci 42, 72, 91, 113, 142, 165, 166, 172, 185
Lepanto 180
Leupold 76, 79, 147
Liebermann, M. 96
Liverpool 113
Löffelbagger 156, 157
Löhneyß 120, 121, 125, 126
Lüfter 121
Lorini, B. 157

M

Magnus, Olaus 48, 153
Mähdrescher 59
Mähmaschine 49
Mainz 87
Mangel 109, 110
Mariano 41, 70, 72, 74, 139
Massentretrad 101
Meikle 54
Menzel 105
Michelangelo 99
Militär 163 ff.
Monere 181, 182
Mühlen 61 ff., 82 ff., 87
Mühlenentwicklung 62
Mühlenhaus 82 ff.
Müllabfuhr 144

N

Nadelherstellung 93
Nautilus 187

Nero 131
Ninive 22, 163, 164
Nürnberger Trichter 33

O

Obelisk 99
Ölbohrung 103–105
Ölmühle 58, 63, 82
Ölpresse 58

P

Panzer 164, 167–169
Peculiaris 137
Pentere 179
Perpetuum mobile 39
Pferd 118 ff.
Pflug 18, 19
Philon v. Byzanz 16, 25, 27, 90
Picota 25
Pleuelantrieb 41, 66, 68
Plinius 50, 90, 112, 119
Polierarbeiten 108
Polo, Marco 108
Pompeji 31, 32, 56
Provence 161
Ptolemäus 191
Pulvermühlen 172
Pulverstampfe 173
Pumpe 36
Pyramiden 98, 131

R

Rahsegel 176
Ramelli 42, 72, 143, 145, 167, 168
Rammbalken 164
Rechenbagger 153–156

Reibmühle 63
Reibstein 62, 66
Renaissance 18, 32, 35, 89
Rockefeller 104
Rom 64 ff.
Roßkunst 124
Roßmühlen 78, 80, 81
Rubens 51
Rundschiff 177

S

Sakkar-Pyramide 132
Schaduf 21–24, 32
Sakjeh 25, 26
Salamis 178
Schaufelradschiff 183, 184, 185
Schießpulver 167, 173
Schiffahrt 175 ff.
Schiffsbagger 159
Schleiferei 106, 108
Schleuse 190
Schnellfeuer 165
Schöpfrad 16, 39, 114
Schrägrad 72, 73
Schwaz 114
Schwengelpumpe 116
Schwenkkran 151
Schwingeimer 22, 23, 32
Schwimmbagger 158, 159
Schwimmpanzer 69
Schwungrad 66, 68, 91
Seeteufel 188
Seide 97
Seil 98, 99, 100
Seilpflug 18, 19
Silber 111
Sklaven 23, 113 ff.
Spanien 113
Spinnerei 94, 95, 97
Sprossenrad 102, 103, 141

Stampfe 63
Stauwehr 191
Stadt, schwimm. 192
Strada, J. de 39, 67, 68
Strada a Rosberg 39, 117
Stradano 87
Strafanstalt 86
Südafrika 40, 50

T

Taccola 41
Teigknetmaschine 56
Terborch 106
Theseus 178
Toulon 151
treideln 186
Tretkran 138
Tretrad 28 ff.
Tretscheibe 39
Trichtermühle 64, 65
Triere 179
Turmbau zu Babel 133
Turtle 186

U

Unterwasserboote 186, 187
USA 59

V

Veranzio 79, 86, 100
Verladekran 188
Villard de Honnecourt 164, 165

W

Waschanlagen/Bergbau 125, 127, 128
Wasserhebeanlagen 29, 39
Wasserträger 14
Wasserversorgung 21 ff.
Weigel, Chr. 93, 101
Werkstattkran 137
Winde 123
Wurfmaschine 167, 168
Wurfrad 17
Würzburg 150

Z

Zichorienmühle 84
Ziegen im Tretrad 127
Zikkurat 99, 133
Zonca 32, 35, 40, 74, 107, 109, 189, 190

Sachbücher der Sonderklasse!

Jesco von Puttkamer sichtet das derzeitige Wissen über die Rolle des raumfahrenden Menschen, beantwortet unter Berücksichtigung noch offener Themen und sich neu stellender Probleme folgende grundsätzliche Fragen:

Was ist das Rationale für die Entsendung von Menschen ins All überhaupt?

Was sind Rolle und Stellenwert des Menschen im All?
Welches sind die Umgebungszustände des Raumflugs und die Vorgänge der menschlichen Anpassung daran?
Was sind die Forderungen der Lebenserhaltung im All?
Welches sind die Faktoren der Pflege und Förderung menschlicher Kreativität im Weltraum?
Wo liegen die gröbsten Lücken in unserem Wissen über den langfristigen Aufenthalt von Menschen im All?

Die Beantwortung dieser grundsätzlichen Fragestellung: Warum Menschen im All? geht von zwei Aspekten aus. Einerseits vom Aspekt des „utilitaristischen" Einsetzens vom Menschen aufgrund seiner einmaligen Befähigungen. Andererseits vom Aspekt, daß das reine Dasein des Menschen im Weltraum „humanistische" Gründe hat.

Umschau Verlag